U0296352

国家科学技术学术著作出版基金资助出版

建筑用能系统㶲分析

Exergy Analysis of Building Energy Systems

刘艳峰 李 洋 著

科学出版社

北 京

内 容 简 介

本书由作者近年对于建筑用能系统优化研究成果积累而成,针对建筑用能系统的能源供应、传递路径和用能需求这一完整能量链,基于热力学第一、第二定律,通过统计分析和理论计算,并侧重于能源在数量和品质上的双高效利用,建立技术原理,形成优化设计和评价方法。内容主要包括三个方面:第一,能源供应方面,分析不同能源产品上游生成阶段的能量来源,并以㶲作为无差异量化基准,得到能源产品的上游㶲成本分析方法,可实现来源和层级不同的能源产品的同源化;第二,能量传递路径方面,建立能量传递和转换设备的模块库,并探讨模块单元不同组合形式下的㶲效率分析方法;第三,用能需求方面,分析建筑中各用能项目的基本㶲耗量以及设备系统输出㶲量与建筑基本㶲耗量之间的匹配关系。最终获得建筑用能系统由㶲源输出到建筑物㶲量耗散全过程的㶲分析和节能评价方法。

本书可作为高等院校暖通空调和建筑节能等专业研究生教学参考用书,也可供从事建筑能源管理等科研人员及工程技术人员参考。

图书在版编目(CIP)数据

建筑用能系统㶲分析 = Exergy Analysis of Building Energy Systems / 刘艳峰,李洋著.—北京:科学出版社,2018.11

ISBN 978-7-03-059723-6

Ⅰ.①建… Ⅱ.①刘… ②李… Ⅲ.①建筑—节能—研究 Ⅳ.①TU111.4

中国版本图书馆CIP数据核字(2018)第262261号

责任编辑:耿建业 武 洲 / 责任校对:彭 涛
责任印制:张 伟 / 封面设计:无极书装

科 学 出 版 社 出版
北京东黄城根北街16号
邮政编码:100717
http://www.sciencep.com

北京虎彩文化传播有限公司 印刷
科学出版社发行 各地新华书店经销

*

2018年11月第 一 版 开本:720×1000 1/16
2019年 2 月第二次印刷 印张:8 3/4
字数:174 000

定价:98.00元
(如有印装质量问题,我社负责调换)

作 者 简 介

刘艳峰，1971 年生，西安建筑科技大学二级教授，博士生导师。入选中组部"万人计划"领军人才、科技部中青年科技创新领军人才，"十三五"国家重点研发计划项目负责人，陕西省"西北村镇太阳能光热综合利用"重点科技创新团队负责人，国家自然科学基金创新群体学术骨干，宝钢优秀教师，荷兰代尔夫特理工大学访问学者。担任国际太阳能学会（International Solar Energy Society, ISES）委员、中国建筑学会零能耗建筑学术委员会副理事长、中国绿色建筑与节能专业委员会委员、中国建筑节能协会专家委员会委员、中国冶金教学学会与研究生教育研究分会副理事长兼秘书长、中国环境科学学会室内环境与健康分会理事、《暖通空调》编委等学术兼职。

长期致力于我国西部太阳能采暖基础科学问题和关键技术创新研究。主持"十三五"国家重点研发计划项目 1 项、国家自然科学基金重大项目课题 1 项、面上项目 5 项等；发表科研论文 180 余篇，其中 SCI 检索 40 余篇，授权发明专利 18 项，软件著作权 3 项；出版《太阳能采暖设计原理与技术》等 7 部，编写国家和行业标准 8 部；获得 SCI 期刊 *Building and Environment*2016 年度最佳论文奖、世界人居环境国际会议最佳论文奖；荣获国家科技进步奖二等奖、教育部科技进步奖一等奖、陕西省科学技术奖一等奖等 9 项科研奖励。研究成果在西部高原地区得到广泛应用，经济效益和社会效益显著。

李洋，1989 年生，博士，2015 年毕业于西安建筑科技大学，现任职于贵州中建建筑科研设计院有限公司。长期从事建筑用能系统优化、区域能源规划及绿色建筑技术方面的研究及设计工作。主持省部级科研项目 1 项，参与国家科技支撑计划课题、贵州省科技攻关计划等科研项目 5 项，公开发表 SCI/EI 检索论文 3 篇，授权发明专利 2 项，参与编写贵州省地方标准 3 部，获得省部级科技奖励 1 次。

前　　言

建筑节能的一个基本途径是提高能源的利用效率，而在分析建筑用能系统的能源效率时，目前广泛应用的基于能量守恒定律的能效分析存在以下弊端：首先，只考虑"能"在数量上的利用程度，忽略了"能"的品质差异，无法真实地表征"能"的有效利用程度，往往造成能质不合理耗散；其次，无法为来源和层级不同的能量提供统一分析基准，难以评判多能量形式输入的用能系统。融合热力学第一、第二定律而定义的"㶲"代表能的最大做功能力，兼顾能的数量和品质，同时，对于不同形式的能量，㶲可作为无差异量化标准，这为能源产品的同源化分析及能量链的综合用能效果分析提供了基础。

现有的一次能源效率分析方法已有统一能量基准的理念，但仍无法反映各种一次能源之间的品质差异以及能源获取过程的直接和间接能源成本。在建筑用能的㶲分析方面，现有的研究多集中于单一设备或组合设备的热力学优化分析，忽略了能源供应和用能端㶲量需求的匹配关系。而缺少对用能系统完整能量链的分析，将难以实现㶲量的高效利用。

因此，建筑用能系统的㶲分析，首先，需要获得不同能源产品的统一基准，同时分析建筑端的㶲量需求，以确定合理的能源匹配方案；其次，在保证㶲量传递效果的条件下，尽可能提高设备的㶲传递效率，并降低设备㶲耗量，最终实现用能系统的㶲量高效利用。根据以上技术思路和㶲量利用基本原理，本书重点介绍建筑用能系统的㶲分析和节能设计方法。

本书由作者和作者的博士研究生李洋共同完成，主体内容以李洋在读博士期间的研究工作为基础，经过进一步积累完善而成。书稿形成过程中，需要大量的数据调查和分析计算，作者指导的历届研究生为此多有辛勤付出。感谢在本书写作过程中王登甲教授、王莹莹副教授在文字和图表处理等方面的贡献。

本书是由作者负责的国家"十三五"重点研发计划项目"藏区、西北及高原地区利用可再生能源采暖空调新技术（2016YFC0700400）"、国家自然科学基金重大项目课题"极端热湿气候区超低能耗建筑热环境营造系统（51590911）"的研究成果总结而得，并得到国家科学技术学术著作出版基金的资助，在此一并表示感谢！

限于作者的学识和水平，本书难免有不妥之处，恳请读者批评指正。

目　　录

量质合一方为"能"

热力学第一定律表明，能源利用过程中，能量总数保持不变，只是存在的形式和位置发生改变。

热力学第二定律指出，不同形式能量的做功能力存在差异，能量做功能力的大小反映其品质的高低。高品质能可自发地转变为低品质能，且这一过程在自然状态下不可逆。

能量转换、传递过程中，总数不变，做功能力不断减小，能量利用的本质是对其所包含的可用能部分(做功能力)的利用。

1 建筑用能过程的热力学基础

建筑是人们社会生活的主要场所，在营造适宜人工环境及维持人员活动时往往需要能源的投入，如采暖、空调及生活电器用能。随着城镇化进程的加快和人们生活水平的提升，我国建筑总面积及单位面积能耗量均持续增长，造成了建筑能耗总量的快速上升。

统计资料显示，我国建筑部分总能耗在社会能源总消费量中所占的比例已从 20 世纪 70 年代末的 10%上升到近年的 25%左右，根据发达国家的发展经验，这一比例将随着城镇化的快速发展而进一步上升。为了缓解建筑能耗需求增长与能源紧缺及环境之间的矛盾，有必要提高能源在建筑中的利用效率，从而控制建筑的能源消耗。为了实现这一目标，需要了解建筑用能的热力过程，查明建筑部分能源利用过程中存在的问题，进而深入开展节能工作。

1.1 建筑用能的发展

建筑部分的能源利用是跟随建筑功能转变而发展的。原始时期，人类的建造物主要用于安全防御，形成"树居"的居住方式，之后人类学会了用火，得以战胜野兽并占领洞穴，由"树居"过渡到"岩洞居"，岩洞相对而言热舒适性更好，反映出原始人类对居住物热舒适的需求。随着人类思考和动手能力的进一步提高，在寒冷地区出现了穴居方式，其不仅可以获得相对稳定的热环境，还具有良好的采光、排烟功能。考古研究发现，早期的穴居中已出现灶坑，表明当时的建筑已初步具备取暖和炊事的功能。此后，建筑居住形式由穴居经历了半穴居、地面建筑、下建台基的地面建筑。

农业文明时期的到来，极大地促进了建筑的发展，原始时期游猎的临时性洞穴转变为稳定的建筑形态。中国的古建筑发展历史悠久，形成了宫殿建筑、宗教建筑、陵墓建筑、园林建筑、民居建筑等多种形式。此时的建筑更加注重外形的美观与结构的牢固，同时建筑功能亦有发展。考古发现秦朝的宫殿中采用火墙进行取暖，北魏郦道元在其所著的《水经注》中记载了人们利用火炕取暖，而魏晋时人们则用火炉烘火取暖。一些古建筑亦有夏季防暑降温的功能，北魏时期洛阳华林园的"清凉殿"便采用天然冰来降温，唐太宗所造的凉殿，利用水利机械装置设计了风扇和屋顶上注水"成帘飞洒"。原始穴居建筑中的烟囱演变成了古建筑中的窗，使建筑具备了通风、采光的功能，天井院落的古建筑，如北京四合院、福建圆楼等，建造中都考虑了空气流通和室内光线的问题。

工业革命对建筑的发展产生了深远的影响，并促使欧美建筑迈入了近代建筑时期。新材料、新理念、新设备的发明和运用使得建筑的建造更加科学，结构更加稳定，功能更加完善。由于工商业的迅速发展以及社会体系的完善，城市中除了原有的居住建筑外，开始涌现出一批功能集中的公共建筑，如医院、办公楼、商场、学校、体育馆等。与居住建筑相比，公共建筑对建筑环境的要求更高，因此，公共建筑的发展离不开建筑设备的发展。第一次工业革命中，锅炉技术的成熟为人类利用"水暖"打下基础，与此同时，人类创造出了第一代金属散热器。第二次工业革命使人类由"蒸汽时代"进入了"电气时代"。自1866年西门子制成了发电机后，各种电气机械应运而生，如压缩器、电动水泵、风机等。将各类机械设备组合成系统广泛地应用到建筑中，使建筑功能多样化。诞生于20世纪初的空调系统，成为调节室内温度、湿度重要措施。除此之外，逐步形成的其他设备系统还包括建筑给排水系统、建筑采暖系统、建筑照明系统、建筑消防系统等。

近代建筑的功能系统已经比较完善，而现代建筑并不止于此，伴随着计算机信息技术的进步，现代建筑的功能内涵又有了新的定义。现代建筑正不断地朝着智能化的方向迈进，主要表现在对建筑内的各种设备系统的实时检测和自动化管理，具体来说是对建筑内的空调系统、给排水系统、消防系统、照明系统、电梯系统等的全面监测与自动控制。现代建筑的智能化赋予了建筑安全、高效、舒适、节能的显著优点，例如，现代建筑营造室内环境时，不只简单的采暖降温，一方面，精细化地调节环境参数使室内的活动人员感到舒适，且不损害人体健康，同时又能提高人员的工作效率；另一方面，在营造这样的室内环境的同时，按需调节，避免了浪费，一定程度上节约了能源。现代建筑在满足人类活动需求的同时，所消耗的能源总量越来越多，能源供应负担的加剧迫使人们不仅要寻求新的替代能源，还应改革已有的用能机制。

由于建筑功能的发展，建筑消耗的能源种类和耗能总量也在不断地变化。"树居"和"岩洞居"时期，建筑几乎不消耗能源，"穴居"时期，通过在坑灶内直接燃烧草、木柴获得能量用于取暖、炊事。古代建筑时期，建筑用能的目的为炊事、采暖以及照明，能源的利用形式也是以燃烧木柴、秸秆、蜡烛为主, 附以少量的煤炭。近代与现代建筑时期, 建筑用能目的多样, 一般包括: 室内环境营造(温度、湿度、空气品质)、生活用水、炊事、消防、照明、娱乐办公、储藏食品等。建筑的用能类型主要包括电、天然气、石油、煤和生物质能, 此外, 部分新能源也加入到了建筑用能的行列中, 如太阳能、地热能等。

建筑用能的发展还体现在建筑用能过程的变化。原始的用能过程非常简单, 即将燃料燃烧取热, 这种用能过程最突出的问题是功能单一、效率低下、卫生条件差。如此的用能过程难以适应人类社会和城市的发展, 因此, 锅炉诞生后, 这种方式便慢慢被淘汰。锅炉将产热部分从建筑本体中分离出来, 锅炉燃烧燃料产生的热水或蒸汽通过管道输送至建筑以便人们采暖等使用, 慢慢就演化成了当今城市的集中供热系统, 这种系统配备大型高效的锅炉, 极大地提高了燃料的燃烧效率, 但缺点是热网输送热能的过程中会产生输配能耗。电能属于高品位的能源, 利用它可以实现建筑的全部功能, 而且电能使用过程中无污染, 输配能耗少, 特别受人们的青睐, 占住宅用能的 40%～70%。发电的方式众多, 如火力发电、水力发电、风力发电、核能发电等, 在我国, 火力发电量约占总发电量的 70%。以火力发电为例来分析建筑用电能的过程, 首先将化石燃料转化为热能, 发电机将热能转化为电能, 再通过电线将电能输送到建筑, 最后建筑设备系统利用电能实现各项建筑功能。建筑用电的整个过程中能量经过多次转化, 耗能的次数增加, 但单次转化的效率却大大提高。

总体来说, 建筑用能的发展经历了由维持基本生存需求到多样化用能, 由"天赐"到精细控制的过程。伴随建筑用能场景的增多以及精细化、智能化的调控需求, 无论是能源供应形式还是用能设备, 都发生了巨大的变化, 由此形成了从能源供应到设备传递, 直至满足末端能量需求的建筑用能系统。

1.2 能源利用的热力学特性

能量守恒定律表明, 在能源利用过程中, 能量总数保持不变, 只是存在的形式和位置改变, 这是一个由有序到无序的过程, 相应的, 能量系统的熵增加。而熵反应的是动力学方面不能做功的能量总数。也就是说, 能源利用是可做功的能量总数不断减少的过程。随着能量完全耗散于环境, 最终全部变为不可做功的能。

㶲代表能量的可做功能力, 是衡量能量品质高低的参数, 㶲从"量"和

"质"两个方面规定了能量的"价值"[1]，解决了热力学中长期以来没有一个参数可以单独评价能量价值的问题，改变了人们对能的性质、能的损失和能的转换效率等问题的传统看法。

现实中，能源利用所历经的转化、传递等过程均不可逆，因而存在不可逆引起的损失，体现在可用功向不可用功的转变，即㶲量的减少。可以看出，能源利用的本质是对其包含㶲量的利用。实现能源资源的节约，需要兼顾能源在"数量"和"品质"方面的高效利用。

1.3 建筑用能系统的定义

建筑实现能量利用时，首先需要能源的供应，多数情况下，为了匹配建筑能量需求的形式及空间分布，能源需经过设备转换和输配，最终满足建筑用能需求。因此，研究认为由能源供应开始，包含能量设备系统转换传递，直至在建筑中利用这一整体为建筑用能系统。

1.3.1 系统边界

完整能量系统包含了㶲量的输入、设备投入以及人员作用下的建筑用能需求。其中，㶲量的输入分两方面：①主㶲源的㶲量输入，用于满足建筑需求的㶲量；②辅助㶲量输入，主㶲量利用时辅助过程的㶲量消耗。设备在能源利用过程中主要起能量转换及输配作用，现有建筑设备系统方案分析时，经济因素往往占据主导地位，然而经济性优的设备系统并不一定符合人类社会整体和长远的发展利益，因此，研究中并不涉及设备系统成本方面的分析，仅以能源的可持续发展为基本目标。主㶲源输入的㶲量到达建筑端，在满足用能需求后逐渐在建筑中耗散，最终以热量传递、扩散等方式转变为室外环境中的无用能。综合以上分析，研究确定建筑能量系统㶲分析边界：以自然界㶲量资源输入为起点，追踪㶲量在设备系统中的传递过程及在建筑中的利用，直至主㶲量输入完全转变为无用能。另外，研究考虑辅助㶲量的消耗以及各㶲量上游的间接㶲耗，从而为建筑能量系统用能过程的完全㶲耗分析提供基础。

1.3.2 环境状态

合理确定环境状态参数有利于系统㶲值的准确计算。一般认为与环境平衡的系统只含有㶫，系统与环境的平衡包含热平衡、力平衡和化学平衡，所涉及的参数分别为温度、压力和物质分布，与各环境状态参数偏离的系统则相应的有热量㶲、压力㶲和扩散㶲。现有技术条件下，能量系统的扩散㶲尚难以利用，因此，分析能量系统㶲值时，忽略扩散㶲，主要关注由温度和压力决定的热量㶲和压力㶲。

由于各用能项目发生的位置和时间存在差异，即使同一建筑中的用能项目，也可能对应不同的环境状态。各用能项目的环境状态是指该项目用能需求得到满足时周围环境的状态。不考虑建筑中与生产工艺有关的能量需求，建筑物的主要用能项目包括：采暖、空调、照明、炊事、生活热水以及其他电器设备。其中，建筑物的采暖和空调需求取决于环境状况，存在季节性差异，而其他用能项目受室外环境影响很小，在全年中保持在稳定范围。显然，对于建筑中不同的用能项目，不能取统一的环境状态。本研究在分析各用能项目的时间分布及所处环境的基础上，确定了各用能项目环境状态参数的取值方法，具体如表 1.1 所示。

考虑到采暖用能在整个采暖期通常是连续进行的，因此，其基准环境温度取采暖期室外平均空气温度。而空调多为昼间使用，人们可按需调节，其基准环境温度可近似取夏季空调室外计算温度。

表 1.1　建筑各用能项目环境状态参数取值方法

用能项目	T_0/K	p_0/Pa
采暖	采暖期室外平均空气温度	采暖期室外平均大气压力
空调	夏季空调室外计算温度	空调期室外平均大气压力
照明、炊事、生活热水、其他设备	全年室外平均空气温度	全年室外平均大气压力

1.4　建筑用能系统㶲分析理论基础

1.4.1　几种形式能量的㶲

建筑用能过程中涉及的主要能量形式包含以下几方面。

(1)机械形式能量的㶲：运动系统所具有的宏观动能和位能理论上能够全部转换为㶲，可以分别称之为动能㶲和位能㶲。

(2)热量㶲和冷量㶲：系统所传递的热量在给定环境条件下用可逆方式所能做出的最大有用功称为该热量的㶲。冷量也是热量，冷量㶲也就是温度低于环境温度的热量㶲。

（3）稳定流动系统的㶲：稳定物流从任一给定状态流经开口系统以可逆方式转变到环境状态，并只与环境交换热量时所能做出的最大有用功。

（4）燃料的化学㶲：物质通过可逆的化学反应过程和可逆的浓度变化过程达到与环境完全平衡的约束性死态时，对外提供的最大有用功就是该物质的化学㶲。不同形态化学燃料的㶲估算式见表 1.2。

表 1.2　几种形式能量的㶲[1,2]

名称	计算公式
热量㶲和冷量㶲	$E_Q = \delta Q(1 - T_0 / T)$
稳定流动系统的㶲	$E = H - H_0 - T_0(S - S_0) + 1/2mv^2 + mgz$
气体燃料化学㶲	$E_g = \Delta H_{u,1}$
液体燃料化学㶲	$E_1 = 0.975\,\Delta H_{u,h}$
固体燃料化学㶲	$E_s = \Delta H_{u,h}$

注：δQ 为热量或冷量，kJ；T_0、T 为环境、系统的温度，℃；S、S_0 为系统、环境状态下的熵，kJ/K；H、H_0 为系统、环境状态下的焓，kJ；m、v、z 分别为稳流系统的流量、流速及位势，单位分别为 kg/s、m/s 及 m；g 为重力系数，9.8N/kg；$\Delta H_{u,1}$、$\Delta H_{u,h}$ 为燃料的低位、高位发热值，kJ/kg。

从㶲的概念出发，根据可逆过程和不可逆过程的定义，可以发现：在任何可逆过程中，㶲的总量保持不变；对于任何不可逆过程必然会发生㶲向㷉的转变，并使㶲的总量减少，这种减少称为不可逆过程的㶲损失。

1.4.2　㶲平衡方程

随着㶲分析方法的发展，研究者分别建立了孤立系统、封闭系统、开口系统、稳流系统的㶲平衡方程，并对各系统中典型过程的㶲损失机理和计算方法进行了探讨。

实际自然界发生的热过程都是不可逆的，也不存在㶲的守恒规律，能量的转换都伴随着㶲向㷉的转化，而能量中的㷉部分是不可能转变为有用功那部分能量，随着能量转换过程的进行，最终它将转移给自然环境。不可逆过程中㶲量减少的部分，即为㶲损失，该损失在热平衡中并无反映。

与热平衡方程式不同，系统在一个不可逆过程中各项㶲的变化是不满足平衡关系式的。只有像建立熵平衡方程式那样，附加一项㶲损失才能给一个系统或过程建立㶲平衡方程式。输入系统的㶲为 $\sum E_{in}$，输出㶲为 $\sum E_{out}$，系统各项内部㶲损失为 E_L，系统㶲的变化为 ΔE，则它们的平衡关系为

$$\sum E_{\text{in}} = \sum E_{\text{out}} + E_{\text{L}} + \Delta E$$

在考虑㶲平衡时，需要记入各项不可逆㶲损失才能保持平衡。典型的不可逆㶲损失过程是：有限温差下传热过程引起的㶲损失，功摩擦变热过程引起㶲的损失，绝热节流过程引起㶲的损失。

1.4.3　㶲分析指标

1968 年，Beaehr 对㶲效率的定义作了系统的研究，探讨了定义㶲效率的一般规律。研究明确指出，在㶲的定义式中，每种㶲流不可能同时出现在分子和分母上，并且分母与分子的差值应等于㶲损失。不管怎样定义㶲效率，其范围都应该在 0～1 之间。

在满足㶲效率一般规律的条件下，还可以有许多不同形式的㶲效率。1981年，杨东华提出了物质系统㶲和炁的统一表达式，并给出了四种工程意义明确的㶲效率的定义[3]。其他文献中也提出过各种不同形式的㶲效率表达式[4]。经过综合归纳发现，不同作者提议的各种常用的㶲效率基本上可以归纳为两种形式——普遍㶲效率与目的㶲效率。普遍㶲效率反映系统或设备的输出㶲与输入㶲之比，适用于那些难以明确定义出"收益"或"目的"的过程，凡有"惰性"㶲量存在的过程，不宜使用普遍㶲效率。

目的㶲效率表示以代价㶲为基准时，收益㶲所占的比例，能够反映热工设备或装置的热力完善度。国内外大量关于热工设备或装置的目的㶲效率研究按照设备功能分为以下几类：①能量生产和转换，研究对象包含锅炉设备、集热器、热泵装置、制冷机以及换热器等；②能量输配装置，如管路、泵和风机等；③末端设备，如散热器、风机盘管。研究发现，能量生产和转换过程的㶲效率普遍较低，是节能的重点部位，能量输配装置的㶲效率相对较高，㶲损失主要由散热和压降引起，末端设备的㶲效率取决于设备中能量与用户所需能量的品质差，该差别越小，㶲效率越高。

㶲效率与能量转换效率有类似的定义，所不同的是，㶲效率为系统或过程收益㶲 E_{gain} 与支付㶲 E_{pay} 的比值，即

$$\eta_{\text{e}} = \frac{E_{\text{gain}}}{E_{\text{pay}}}$$

根据热力学第二定律，任何系统或过程的㶲效率不可能大于 1。对于理想的可逆过程，由于㶲损失为零，故其效率等于 1。可逆过程是热力学上最完善

的过程，所以㶲效率反映了实际过程接近理想可逆过程的程度，表明了过程的热力学完善程度，或㶲的利用程度。

㶲效率能指出为了提高某个系统或设备㶲的利用程度尚有多大潜力，但是㶲效率并不能直接显示系统或设备中㶲损失的分布情况以及每个环节㶲损失所占比重大小。与此相对的是㶲损失所占比例，它能揭示过程中㶲退化的部位和程度，与㶲效率起到相辅相成的作用。这种比例关系依据所取基准的不同分为㶲损率与㶲损系数。㶲损率表示某个环节的局部㶲损失占系统总㶲损失的比例。该系数在揭示系统中各个环节或部位㶲损失的大小时，直观鲜明，不受㶲效率如何的定义。然而，㶲损率不能表征各种系统的㶲利用程度，而且由于㶲损率与㶲效率之间缺乏明确的一一对应关系，不能由㶲损率直接得出㶲效率的大小。因而有了另一种表示㶲损失所占比例的㶲损系数，它表示以输入㶲或代价㶲为基准时局部㶲损失所占的比例，该系数很好地弥补了㶲损率的不足。

㶲损率表示局部㶲损失占总㶲损失的比重，它能揭示过程中㶲退化的部位和程度，可以与㶲效率起到相辅相成的作用，如下所示：

$$\zeta = \frac{E_{1,i}}{\sum E_{1,i}}$$

式中，ζ 为㶲损率，%；$E_{1,i}$ 为局部㶲损失，J；$\sum E_{1,i}$ 为总㶲损失，J。

㶲损系数的表达式为

$$\delta = \frac{E_{1,i}}{E_{pay}}$$

㶲利用效率和㶲损失分析共同组成了㶲分析指标体系，为能源利用的方案设计和节能优化提供依据。

参 考 文 献

[1] 朱明善. 能量系统的㶲分析[M]. 北京: 清华大学出版社, 1988.

[2] 信泽寅男. 㶲[J]. 燃料及燃烧, 1974, 41(3): 33-61.

[3] 杨东华. 热工问题的㶲分析[J]. 工程热物理学报, 1981, 2(1): 1-7.

[4] Nodel de Nevers, Seader J D. Lost work: A measure of thermodynamic efficiency[J]. Energy, 1980(5): 757-769.

统一的起跑线

　　能源不仅在层级上有差异，如一次能源和二次能源，还存在可再生与不可再生之分，同时，不同形式能量的品质也有区别。

　　当存在多种形式的能源利用时，需对比分析不同形式能源的利用效果，有必要对层级、品质不同的能源进行同源化分析，从而确定统一的起跑线。

2 能量的统一量化基准

现行的能效分析以能量守恒定律为基础，关注能源在数量上的利用程度，忽略了能源品质的差异，同时，对不同层级的能量形式进行分析时，还缺少统一的能源起点。此外，能源可持续利用的关键在于控制不可再生能源资源的消耗，而能量效率分析无法区分能源的可再生性。

评价能源产品的利用效率时，需对不同形式能源制定统一的分析基准。因此，研究根据能源产品上游生成阶段的能量传递和耗散情况，以㶲量作为各能源间投入产出关系的量化基准，得到了能源产品的上游㶲成本分析方法。㶲成本反映了能源产品所承担的无差别能源代价，为不同能源产品的利用提供了统一的分析基准。

2.1 能量的来源

自然环境中存在多种形式的能源，相应地包含不同形式的能量。热力学第一定律指出，能量既不会凭空产生，也不会凭空消失。因此，任何一种能源所包含的能量均可追溯到更高一级的源头。

2.1.1 能源形成机理

对于地球环境中各种形式的能源，研究分析其上游能量传递轨迹时发现，不同种类的能源均可追溯到如下三种源头：太阳辐射、天体引力和地球自身蕴藏。图 2.1 描述了地球环境中主要能源形式的上游传递过程。

太阳辐射是地球的重要能量源泉，除直接辐射外，风能、水能及生物质能均属于太阳辐射的一次转化产物，煤炭、石油及天然气等高密度化学能源主要源于生物质的物理和化学演变。此外，引力作用以及地球自身蕴藏的放射性元素和核能资源也提供一部分能量来源。

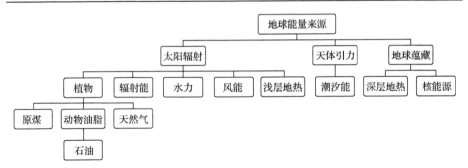

图 2.1　地球环境中主要能量形式的来源

2.1.2　能源再生性的量化分析

由能源形成机理可知，太阳能在一定条件下可转化为煤炭等能源包含的化学能，那么煤炭也具有再生能力，只是煤炭的形成周期长达数亿年，无法弥补人类的消耗量，因而被认为是不可再生能源。严格意义上说，能源生成与消耗速率大小关系才是衡量能源可再生与否的关键。根据能源生成与消耗速率，可获得能源可再生性的量化评价指标，即

$$\gamma = \frac{u_{\mathrm{s}}}{u_{\mathrm{x}}} \tag{2-1}$$

式中，γ 为能源的再生指数，该值大于 1 时，说明能源的自然恢复能力可弥补能源的消耗，为可再生能源，反之为不可再生能源；u_{s} 为能源的生成速率，J/a；u_{x} 为能源的消耗速率，J/a。

以风能为例，全球可利用风能约为 $2\times10^{7}\mathrm{MW}$[1]，此值即为风能的生成速率；风力发电是风能最主要的利用方式，且正处于快速发展阶段，据世界风能协会统计，2013 年全球风电装机总容量已增长至 318GW[2]，大多数风力发电机组的总效率为 20%～45%[3]，按低值 20%计算，则风力发电的最大风能消耗速率为 1590GW。结合式 (2-1)，得到风能的可再生指数为 12.6，这表明风能具有很大的开发潜力。

煤炭等矿物能源由于在生成阶段受多种因素影响，且存在复杂的物理、化学过程，难以从能量流动的角度计算其生成速率。因而针对存储在自然界的矿物能源，研究提出了基于能源储量和生成周期的能源生成速率计算方法，数学表达式如下：

$$u_{s,f} = \frac{Q_f}{n_f} \quad (2\text{-}2)$$

将式(2-2)代入式(2-1)，得到矿物能源的可再生指数计算式：

$$\gamma_f = \frac{Q_f}{n_f u_x} \quad (2\text{-}3)$$

式中，Q_f 为某种矿物能源的资源总储量，J；n_f 为能源的平均生成周期，年。

表 2.1 列出了几种矿物能源的资源储量及消耗速率等数据。需要指出的是，地球能源资源总储量包含已利用量和剩余储量两部分，而考虑到经济性与技术水平，地壳中存储的部分能源是无法开采利用的，因而本研究中能源资源总储量为已利用量和探明储量之和。在能源生成年限计算中，由于化石能源的形成时期跨度较大，此处采用了加权平均算法，权重因子为各时期该种能源的生成量与总储量之比，例如，全球煤炭储量中，石炭纪占41.3%，二叠纪占 9.9%，白垩纪占 16.8%，侏罗纪占 8.1%，古近纪与新近纪占 23.6%，由此算得煤炭的平均生成年限为 1.93 亿年。对于地球上的核燃料，目前的理论认为是宇宙大爆炸的产物[7]，在地球形成之初就蕴藏其中，因此，地球上核燃料的生成年限即为地球的年龄，即 45.5 亿年。

表 2.1　地球环境中主要矿物能源的资源储量及消耗速率[4~6]

资源统计类别	化石燃料			核燃料	
	石油	煤	天然气	铀	氘
已利用量	1.42×10^{11}t	2.65×10^{11}t	7.80×10^{13}m³	2.41×10^6t	0
探明储量	2.36×10^{11}t	8.61×10^{11}t	18.73×10^{13}m³	5.40×10^6t	2.34×10^{13}t
地球总量	3.78×10^{11}t	11.26×10^{11}t	26.53×10^{13}m³	7.81×10^6t	2.34×10^{13}t
当前消耗速率	4.13×10^9t/a	5.33×10^9t/a	3.31×10^{12}m³	7.40×10^4t	0
生成年限/亿年	2	1.93	1	45.5	45.5

注：表中为 2012 年统计数据

利用式(2-1)和表 2.1 中的数据，可得到地球上主要能源的再生指数，结果如表 2.2 所示。

表 2.2　地球上主要能源形式的再生指数

能源形式	太阳能	风能	水能	煤	石油	天然气
再生指数	11000	12.6	4.8	4.6×10^{-7}	1.1×10^{-6}	8×10^{-7}

由表 2.2 可知，太阳能的再生性能最好，目前对太阳能的利用量不足太阳能资源总量的万分之一。风能和水能的再生指数均在 1 以上，说明这几种能源还存在较大的开发潜力。煤炭等矿物能源的再生指数均远低于1，说明这几种能源的自然恢复能力无法弥补其消耗量。

2.2　能量利用的㶲分析基准

尽管地球上存在多种多样的能量形式，能量的利用本质是对可用能部分，即㶲量的利用，对比分析不同形式能量的利用效率时，可通过追溯基础㶲源来确定统一的起点。

2.2.1　基础㶲源分析

同能量来源一致，地球上㶲量的来源可追溯到自然界的太阳辐射、万有引力和地球形成之初的蕴藏。在人类社会相当长的时间范围内，这几种自然能量来源都将持续存在且源源不断地为地球提供㶲量。此外，㶲属于无差异量，因此，自然界三种基本能量来源共同形成了地球上各种能源产品的基础㶲源。

由基础㶲源获得的㶲量，在能源转换和传递过程中，㶲量的载体形式和位置分布均发生变化，从而构成了地球上复杂的能源系统，该系统中能源产品的差异实质上是㶲量载体及其所处层级不同。总而言之，任何能源产品包含的㶲量都是经过一定的轨迹由基础㶲源传递而来。

考虑到实际过程的不可逆性，能源转换以及能量传递过程中必然存在㶲损耗，某种能源产品的形成阶段，需要基础㶲源输出的㶲量为

$$E_R = E + E_l \tag{2-4}$$

式中，E_R 为能源产品的㶲成本，J；E 为能源产品包含的㶲量，J；E_l 为㶲量在由基础㶲源传递到能源产品过程中的㶲损耗，J。

能源产品上游阶段的主㶲源效率表达式为

$$\phi_{m,up} = \frac{E}{E + E_l} \tag{2-5}$$

对于某种能源，其上游阶段的主㶲源效率越高，表明该能源产品在地球能源系统中所处层级越高，资源越丰富；反之则说明该能源产品形成阶段经

历的过程越复杂，因而也越珍贵。

基础㶲成本是依据㶲量传递而获得的能源产品的特性参数，它能够客观反映能源产品形成过程的难易程度。然而，利用基础㶲成本作为不同能源产品的㶲分析基准仍存在问题。首先，可持续性是能源利用的重要标准，这不仅涉及能源的再生性，还与能源储量有关，而基础㶲成本分析无法反应能源储量对能源供应策略的影响；其次，化石能源的形成涉及复杂的物理和化学过程，同时存在众多不确定性因素，如气候、地质活动等，能源形成阶段的㶲传递效率无法准确计算。基于上述原因，研究在考虑能源储量的基础上，对基础㶲成本分析进行了简化处理。

基础㶲源供给地球的㶲量有两个去向：一部分㶲伴随能量转换和传递过程，㶲量不断减少，最终完全转变成不可用能，这部分㶲量属于流量㶲，如风能和水能包含的㶲；另一部分㶲到达可稳定存在于自然界的能量资源后，成为可长期储存的存量㶲。

这两类㶲量的消耗对自然界㶲平衡具有完全不同的影响。可再生㶲源包含的㶲量属于流量㶲，该类㶲的消耗完全可自然恢复；而不可再生㶲源为存量㶲源，其消耗会造成地球㶲量的不可恢复性减少。因此，在能源产品的㶲成本分析中，本研究只考虑不可再生㶲量的消耗。某种能源包含的不可再生㶲量按如下方法确定：能源包含㶲量为存量㶲时，其不可再生㶲含量按存量㶲计算；能源包含㶲量为流量㶲时，其不可再生㶲含量为零。

2.2.2　地球㶲量资源变化特性

㶲资源分为流量㶲和存量㶲两大类。其中，流量㶲的形成和消亡周期较短，㶲量总数受到环境、时间等因素影响。存量㶲在储量确定的情况下，只受自然生成速率和消耗速率的影响。本节将针对两种典型㶲量资源的变化规律进行分析。

太阳辐射㶲。地球接收到的太阳辐射可看成是由平均温度为 6000K 的恒温热源传递的能量，因此可按热量㶲计算：

$$E_{\text{solar}} = Q_{\text{solar}}\left(1 - \frac{T_0}{T_{\text{solar}}}\right) \tag{2-6}$$

$$Q_{\text{solar}} = f(P, Z)$$

式中，E_{solar} 为太阳辐射㶲，J；Q_{solar} 为地球接收的太阳辐射能，J；T_0 为地球

环境温度，K，可按地表平均温度计算；T_{solar} 为太阳辐射温度，6000K；P 为大气透明度；Z 为日地距离，km。

大气透明度越高，地球接收到的太阳辐射能越大，对于两者之间复杂的数量关系，相关研究已制成了大气透明度对太阳辐射影响的关系表[8]。此外，由于地球公转，日地距离在逐日变化，地球大气层上边界与太阳光线垂直的表面上的太阳辐射强度也会随之变化，每年 1 月 1 日最大，为 1405 W/m²，7月 1 日最小，为 1308 W/m²[9]。可以看出，地球接收到的太阳辐射㶲大体呈周期性变化，并且会由于大气透明度的变化而出现不稳定的情况。而风能、水能、生物质能以及浅层地热能均源于太阳辐射，因此，这几种流量㶲源能够供给的㶲量也会呈现出周期性变化。

煤炭包含的化学㶲属于存量㶲，不受气候变化等环境因素的影响，地球上可利用煤炭资源储存的化学㶲总量为

$$E_c = \lambda_c \left(Q_c + n_c \frac{Q_f}{n_f} - n_c u_x \right) \tag{2-7}$$

式中，λ_c 为煤炭的能量品质系数；n_c 为以探明储量为起点的时间年限，年。

目前，煤炭等矿物能源的自然生成速率远低于其消耗速率，按照此发展趋势，地球上此类能源储存的总㶲量会不断减少。

2.2.3　㶲量可持续利用分析

㶲量是能源中真正有价值的部分，因此，能源可持续利用的关键是㶲量的可持续利用。地球的总㶲资源可按式(2-8)表达：

$$E_{R,o} = \sum (Q_{c,i} + u_{s,i} - u_{x,i}) \lambda_i \tag{2-8}$$

式中，$E_{R,o}$ 为地球上的总资源㶲量，J；$Q_{c,i}$ 为第 i 种能源的储量，J；$u_{s,i}$ 为第 i 种能源的生成速率，J/a；$u_{x,i}$ 为第 i 种能源的消耗速率，J/a；λ_i 为第 i 种能源的含㶲系数。

对于流量㶲源，它在每个周期内可提供给地球的㶲量维持在稳定的水平，且由于不具备储存能力，流量㶲的消耗速率理论上最高只能到达其生成速率，因此，对于流量㶲的消耗不会造成地球总㶲量的减少。存量㶲则相反，它具有一定的储存量，使得其消耗速率可以超过生成速率，随着对存量㶲的大量消耗，其总量迅速减少。

从㶲量的可持续供应出发，能源利用应在满足能源需求的同时尽可能降

低对地球总㶲量平衡的影响。关于流量㶲与存量㶲的消耗对地球㶲量平衡的不同影响，研究确定了如下的计量策略：由于流量㶲的消耗不影响地球㶲平衡，因此其影响记为 0；存量㶲的消耗会造成地球总㶲量的不可逆减少，因此其影响为所消耗㶲量。任意能源产品的消耗对地球㶲量平衡的影响可按式 (2-9) 衡量：

$$\Phi = \sum E_c$$

式中，E_c 为能源产品承担的自然存量㶲消耗，J。Φ 的值越接近 0，说明某能源产品被利用时对地球㶲量平衡影响越小，该值越大，说明该能源产品的利用越不利于地球㶲量的平衡。

2.3　能源产品上游阶段㶲成本分析

由基础㶲源经转化传递而形成的初始能源难以被直接利用，如原煤、原油等能源还需要经历采集、加工和输运等阶段才能成为可供用户使用的能源产品，期间，㶲量从基础㶲源传递到能源产品中且呈现递减变化[10]，这一阶段称为能源产品的上游阶段。

某种能源产品的输出，其上游各阶段还需要额外的能源输入，如煤的运输过程需要柴油，而柴油的生产阶段消耗电，电能又主要由煤炭转化而来[11]。对能量系统进行节能分析时，不仅要分析对能源产品的消耗量，还应考虑在获得这些能源产品的过程中造成的其他能源消耗。陈锡康提出了产品生产的完全能耗概念，其含义为产品生产过程中对能源的直接消耗和间接消耗之和，黄志甲博士则针对我国的能源开采和生产系统，建立了能源上游阶段清单模型并给出迭代求解方法，但该模型的目的是分析不同种类能源利用的环境负荷，因而没有区分能源品质的差异[12]。

为了量化分析能源产品上游阶段对自然环境㶲平衡的影响，研究基于能源生产和运输阶段中各种能源之间的相互消耗关系，以㶲量作为能源产品的无差异量化标准，建立能源上游阶段㶲成本模型。

2.3.1　㶲成本分析模型的建立

能源产品上游阶段的㶲成本是指从基础㶲源开始到获得该能源成品期间直接和间接造成的完全㶲量消耗。在能源形成阶段，起源于自然界基本相互作用力的㶲量首先汇聚于初始能源中；能源的采集、加工和运输等人为阶段都属于能源产品的生成阶段,在这一阶段,基础㶲源输出的㶲量一部分传递到能源产品中,另一部分㶲在传递过程中变为不可利用的㶲。

在基础㶲源的输出㶲量之外,能源产品上游各阶段还需要辅助㶲输入,辅助㶲量的上游过程又会造成间接㶲耗,间接㶲耗的上游还存在高阶的㶲消耗。某种能源产品上游阶段的完全㶲消耗可表达为

$$E_{\text{o}} = E_{\text{R}} + \sum E_{\text{a},i}(1 + b_i^1 + b_i^1 b_i^2 + \cdots + b_i^1 b_i^2 \cdots b_i^n) \tag{2-10}$$

$$c = \frac{\sum E_{\text{a},i}(1 + b_i^1 + b_i^1 b_i^2 + \cdots + b_i^1 b_i^2 \cdots b_i^n)}{E} \tag{2-11}$$

式中,E_{o} 为能源产品上游阶段的完全㶲消耗,J;$E_{\text{a},i}$ 为能源产品上游阶段对第 i 种能源的直接㶲量消耗,J;b_i^n 为能源产品上游阶段对第 i 种能源的第 n 阶间接㶲消耗系数;n 为间接㶲消耗系数的阶数;c 为能源产品上游阶段的总辅助㶲消耗系数。

为直观反映不同能源产品的㶲成本,定义了㶲成本系数:

$$\varepsilon = \frac{E_{\text{o}}}{E} \tag{2-12}$$

结合式(2-11)和式(2-12),得到

$$\varepsilon = \frac{1}{\phi_{\text{m,up}}} + c \tag{2-13}$$

能源产品上游阶段的㶲成本系数越小,说明该能源产品所承担的基础㶲源的㶲量消耗越少,该能源产品越有益于㶲源的可持续利用。

2.3.2　㶲成本模型计算方法

能源产品的㶲成本系数计算时存在两个未知参数:能源产品生成阶段的㶲传递效率和辅助㶲耗系数。这两个参数受到能源产品上游各阶段的影响,因此,研究分别计算能源采集、加工和输运阶段中的㶲传递效率和辅助㶲消耗。

1) 能源采集阶段

存量能源通常以矿产形式储存于地壳中,能源利用之前需要经历开采阶段,除了少量的自消耗外,能源包含的㶲量均为过程㶲,因而品质不发生改变,㶲量损耗主要为不完全开采以及泄露等引起的外部损失。流量能源较为

分散且呈周期性变化，需要收集才可利用。实际过程中，流量能难以被完全收集，如太阳能接收面的反射、风能采集装置对风速或风向适应能力不足等，因而存在大量的㶲损耗，这部分损耗亦属于外部损失。

能源采集阶段的㶲传递效率为

$$\phi_{m,c} = \frac{Q_c \lambda_c}{Q_R \lambda_R} \qquad (2-14)$$

式中，$\phi_{m,c}$ 为能源采集过程的㶲传递效率；Q_c 为能源采集阶段收获的能量，J；Q_R 为基础能源的消耗量，J；λ_c 为所采集能量的能量品质系数；λ_R 为被采集基础能源的能量品质系数。

由于采集阶段能源并未发生内部损失，即能质系数没有变化，因此，能源采集阶段的㶲传递效率即为能源采集效率。

辅助㶲量在能源采集阶段主要用来满足动力和调控设备的需求。能源产品 X_j 上游采集阶段直接造成的能源产品 X_i 的㶲量消耗记为 $E_{i,j}^c$，则

$$a_{i,j}^c = \frac{E_{i,j}^c}{E_j} \qquad (2-15)$$

式中，$a_{i,j}^c$ 为能源产品 X_j 上游采集阶段对能源产品 X_i 的直接㶲消耗系数；E_j 为能源产品 X_j 包含的㶲量，J。

能源采集阶段的直接㶲量消耗总数为

$$E_j^c = \sum_{i=1}^{m} E_j a_{i,j}^c \qquad (2-16)$$

式中，m 为采集阶段直接消耗的能源种类数。

2）能源加工转换阶段

从自然界采集到的能源要经过加工或转换才能匹配用户的能源需求。能源加工转换阶段包含能源物理形态的变化和能量形式的转换。这一阶段的输入㶲为能源采集阶段的输出㶲，㶲量损失不仅有泄漏、散失等因素造成的外部损失，还有实际过程的不可逆性引起的内部㶲损失。

在能源加工转换的过程中，由于工艺和用户需求等原因，同一种能源输入可能有多种不同形式的能源产品输出，如石油经过炼制可产出汽油、柴油

以及煤油等制品。能源加工转换阶段的总㶲量收益可表示为

$$E_p^g = \sum_{j=i}^{k} Q_{p,j}^g \lambda_j \tag{2-17}$$

式中，E_p^g 为能源加工转换后的总㶲量产出，J；$Q_{p,j}^g$ 为能源加工转换阶段第 j 种能量形式的产量，J；λ_j 为能源加工转换阶段输出能量的能质系数；k 为输出能量的种类数。

另一方面，考虑到二次能源可由多种能源加工转换而得，如电能可由煤炭、天然气、水力等能源生产，因此，二次能源加工阶段的㶲效率按加权平均法计算，加工转换阶段的总㶲输入为

$$E_{in}^g = \sum_{i=1}^{z} Q_{in,i}^g \lambda_i W_i \tag{2-18}$$

式中，E_{in}^g 为某种能源产品加工转换阶段的总㶲量输入，J；λ_i 为第 i 种输入能源的能质系数；W_i 为按能源输入量计算的权重系数；z 为输入能源种类数。

能源加工转换阶段的㶲传递效率可统一按式(2-19)计算：

$$\phi_{m,g} = \frac{E_p^g}{E_{in}^g} \tag{2-19}$$

能源的加工转换过程中存在复杂的物理化学过程，这些过程的实现需要辅助能源输入。在产出单位㶲量的能源产品 X_j 时，直接造成的能源产品 X_i 的㶲量消耗记为 $E_{i,j}^g$，则能源产品 X_j 上游加工转换阶段对能源产品 X_i 的直接㶲消耗系数为

$$a_{i,j}^g = \frac{E_{i,j}^g}{E_j} \tag{2-20}$$

表 2.3 展示了我国主要能源的加工转换过程。可以看出，部分能源产品存在共同的加工转换过程，则该过程中对某种辅助能源的㶲消耗由输出的能源产品共同承担。E_i 为能源加工转换阶段直接消耗的能源产品 X_i 的㶲量，则其中某种能源产品承担的辅助㶲耗按该能源产品所含㶲量比例计算。

表 2.3 我国主要化石能源的加工转化过程

原料	主要加工转换过程			产品
原煤	选煤	洗煤	–	煤
			炼焦	焦炭
石油	脱盐脱水	蒸馏	催化裂化	石油制品
天然气	脱硫	脱水	硫磺回收	天然气

$$E_{i,j}^{\mathrm{g}} = \frac{E_i E_j}{E_{\mathrm{p}}^{\mathrm{g}}} \tag{2-21}$$

3）能源输运阶段

能源的分布与需求存在空间差异，因此能源在利用前需要人为输运。研究中的能源输运阶段是指将能源采集和加工阶段的产品转移到用户需求位置的完整过程，不包含能源采集和加工转换阶段中能源的位置转移。能源输运根据所利用的设备可分为两类：交通输运和管线输运。

交通输运时，能源在输运阶段不发生转换，因而能源品质保持不变。除了能源自身宏观动能和势能变化，能源所包含的㶲量在这一阶段中不起作用，属于过程㶲。能源包含㶲量的损失主要由泄露等外部原因引起。

管线输运时，能源㶲损耗除了泄露、散失等外部损失，还存在不可逆的内部损失。其中，天然气在输运阶段受到管道摩擦和局部阻力构建的影响，燃气包含的压力㶲不断损耗。电能输运过程中由于存在导线电阻，一部分电能转化为热能并散发到周围环境中，使电能的总㶲量减少。

能源输运阶段的㶲传递效率为

$$\phi_{\mathrm{m,tr}} = \eta_{\mathrm{m,tr}} \frac{\lambda_{\mathrm{out,tr}}}{\lambda_{\mathrm{in,tr}}} \tag{2-22}$$

式中，$\phi_{\mathrm{m,tr}}$ 为能源输运阶段的㶲传递效率；$\eta_{\mathrm{m,tr}}$ 为能源输运阶段的能量传递效率；$\lambda_{\mathrm{out,tr}}$ 能源输运阶段输出的能源产品的能质系数；$\lambda_{\mathrm{in,tr}}$ 为被输运能源进入输运阶段时的能质系数。

能量传递效率反映了能源输运阶段外部原因造成的损失，能源输运前后的能质系数的比值则是能源内部不可逆损失程度的量化。

能源输运阶段的辅助㶲消耗与输运方式、输运距离等因素有关，有时输运㶲耗也会占能源上游总㶲耗的很大比例。国内外对交通运输的生命周期能耗和污染排放已有大量的研究，著名的研究模型有美国的 GREET、Mobile5 等[13]，但对能源输运阶段的㶲量消耗研究尚少见报道。

研究根据 GREET 模型中能源消耗的计算方法，建立了能源输运阶段的直接㶲耗模型，该模型的计算逻辑如图 2.2 所示。

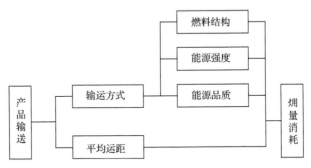

图 2.2　能源输运阶段㶲耗分析模型

模型输入参数有：①运输距离，该参数与辅助㶲耗线性相关；②输运方式及其比例，如煤炭的输运可以是火车、汽车和轮船等方式；③输运方式使用的能源结构，部分输运方式可以使用多种形式的能源，如汽车可以使用汽油、柴油，未来还可能使用电能；④能源强度，某种输运方式运送单位能源在单位距离内所消耗的能量；⑤能源品质系数，㶲分析计算时需要知道被输运能源和辅助能源单位能量的含㶲量。

对于研究区域内的能源产品 X_j，其上游输运阶段对能源产品 X_i 的直接㶲消耗系数为

$$a_{i,j}^{\mathrm{tr}} = \frac{E_{i,j}^{\mathrm{tr}}}{E_j} \tag{2-23}$$

式中，$E_{i,j}^{\mathrm{tr}}$ 为能源产品 X_j 上游输运阶段直接消耗的能源产品 X_i 的㶲量，即

$$E_{i,j}^{\mathrm{tr}} = \sum_k Z_{\mathrm{tr}} \omega_{k,j} \omega_{i,k} q_{i,k} \lambda_i \tag{2-24}$$

其中，Z_{tr} 为输运距离，km；$\omega_{k,j}$ 为能源产品 X_j 输运阶段第 k 种输运方式所占比例；$\omega_{i,k}$ 为第 k 种输运方式中能源产品 X_i 的使用比例；$q_{i,k}$ 为第 k 种输运方式中使用能源产品 X_i 时的能源强度，kJ/(kJ·km)；λ_i 为能源产品 X_i 的能质系数。

4）能源产品上游阶段

能源采集、加工转换和输运阶段为能源产品生成阶段的三个串联环节，因此，总㶲传递效率为分段效率的积，即

$$\phi_{m,up} = \phi_{m,c}\phi_{m,g}\phi_{m,tr} \tag{2-25}$$

研究区域内的两种能源产品 X_i 和 X_j，X_j 上游阶段直接造成的 X_i 的总㶲量消耗可表示为

$$E_{i,j}^{up} = E_{i,j}^{c} + E_{i,j}^{g} + E_{i,j}^{tr} \tag{2-26}$$

式（2-26）两边同除以 E_j：

$$\frac{E_{i,j}^{up}}{E_j} = \frac{E_{i,j}^{c}}{E_j} + \frac{E_{i,j}^{g}}{E_j} + \frac{E_{i,j}^{tr}}{E_j} \tag{2-27}$$

由式（2-27）可知，能源产品 X_j 在生成阶段对能源产品 X_i 的直接㶲消耗系数为

$$a_{i,j}^{up} = a_{i,j}^{c} + a_{i,j}^{g} + a_{i,j}^{tr} \tag{2-28}$$

当研究区域内有 n 种相互作用的能源产品时，能源产品 X_j 上游阶段直接消耗的总㶲量为

$$E_j^{up} = E_j(a_{1,j}^{up} + a_{2,j}^{up} + \cdots + a_{i,j}^{up} + \cdots + a_{n,j}^{up}) \tag{2-29}$$

式中，角标 j 为研究区域内第 j 种能源产品，依次赋予 1 到 n 的数值，则得到研究区域内能源产品上游阶段的直接㶲消耗线性方程组。整理方程组的未知系数，可以得到能源产品上游阶段的相互㶲消耗关系，如表 2.4 所示。

表 2.4 展示了研究区域内能源产品生产投入和产品分配的平衡关系，而投入产出分析正是应用数学方法研究各部门间这种平衡关系的一种现代管理方法。通过编制投入产出表和模型，能够清晰地揭示各能源产品之间的内在联系，特别是能够反映能源产品在生产过程中的直接与间接联系，以及生产与

消耗之间的平衡(均衡)关系。当用于地区问题时，它反映的是地区内部之间的内在联系；当用于某一部门时，它反映的是该部门各类产品之间的内在联系[14,15]。

表 2.4　研究区域内能源产品间的投入产出关系

能源产品		输出					
		X_1	X_2	⋯	X_j	⋯	X_n
输入	X_1	$a_{1,1}$	$a_{1,2}$	⋯	$a_{1,j}$	⋯	$a_{1,n}$
	X_2	$a_{2,1}$	$a_{2,2}$	⋯	$a_{2,j}$	⋯	$a_{2,n}$
	⋮	⋮	⋮		⋮		⋮
	X_i	$a_{i,1}$	$a_{i,2}$		$a_{i,j}$		$a_{i,n}$
	⋮	⋮	⋮		⋮		⋮
	X_n	$a_{n,1}$	$a_{n,2}$		$a_{n,j}$		$a_{n,n}$

定义直接消耗系数矩阵 $A = (a_{i,j})_{n \times n}$，可通过里昂惕夫逆矩阵求解各能源产品间的完全㶲消耗系数，如式(2-30)：

$$C = (c_{i,j})_{n \times n} = (I - A)^{-1} \qquad (2\text{-}30)$$

式中，$c_{i,j}$ 表示研究区域内为获得单位㶲量的能源产品 X_j 而造成的能源产品 X_i 的完全㶲消耗；I 为单位矩阵。

指定区域内，能源产品上游的完全㶲消耗系数可由 $c_{i,j}$ 叠加求得，即

$$c_j = \sum_{i=1}^{n} c_{i,j} \qquad (2\text{-}31)$$

式中，c_j 代表产出单位㶲量能源产品 X_j 的上游㶲成本；n 为投入产出分析中包含的能源产品种类数。

2.3.3　能源产品㶲成本分析实践

本节将针对我国主要能源产品上游生产阶段的㶲成本进行应用分析。考虑到能源统计资料的完整性，采用 2012 年中国能源平衡统计数据，个别缺失数据使用邻近年份的数据代替。

能源产品上游生产阶段的㶲传递效率包含采集、加工和运输三个分段效率，然而现有能源统计资料尚未细分各阶段的能源消耗数据，因此，研究对

我国主要能源产品上游阶段的㶲传递效率整体计算。表 2.5 展示了 2012 年我国主要能源资源的消耗量及相应能源产品的输出量[16~18]。其中，同一种石油输入，包含了 5 种石油制品输出，且石油制品间存在伴生关系，因此，研究假定各石油制品上游阶段的㶲传递效率相同。

表 2.5　2012 年中国主要能源产品产出量与能源投入结构[16]　　　（单位：tce）

能源产品	能源输入				产品输出
	原煤	洗煤	石油	天然气	
煤	387542	–	–	–	352647
焦炭	5815.67	41926.29	–	–	39675.12
汽油	–	–		–	13207.39
煤油	–	–		–	3213.46
柴油	–	–	65620.61	–	24863.68
燃料油	–	–		–	3218.96
石油气(不含天然气)	–	–		–	6352.22
天然气	–	–	–	19993	19395

结合表 2.5 中的统计数据及相应能源的能质系数，可得 2012 年我国主要能源产品上游阶段的主㶲源效率，结果如图 2.3 所示。可以看出，煤炭和天然气上游生产阶段的㶲传递效率较高，主要是因为经历的过程相对简单且能源的

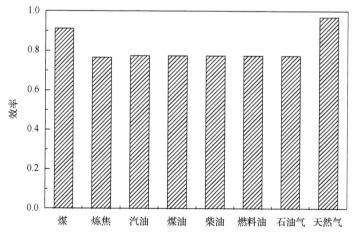

图 2.3　2012 年我国主要能源产品上游阶段的主㶲源效率

物性在这一阶段中保持不变，因而外部及不可逆内部㶲损均较低；焦炭和石油制品的㶲传递效率稍低，主要原因是炼焦及炼油过程都很复杂且能源产品相对于初始能源有较大的物性变化，另外，焦炭主要来源于煤炭成品，需承担煤炭上游的㶲损。由此可见，能源产品在上游阶段经历的过程越简单，发生的转化过程越少，其㶲传递效率越高。

完全消耗系数能够表达研究区域内各能源产品间的内在联系，根据投入产出分析方法可知，能源产品间的直接消耗系数是进行完全消耗系数计算的基础。在研究区域内，能源产品间的直接消耗系数取平均值，则该系数可根据研究区域内各能源产品的生产消耗统计数据获得。下面将针对中国地区几种主要能源产品上游阶段的直接㶲消耗系数进行分析。

1）煤炭生产

根据煤炭开采及选洗业的统计数据，煤炭生产阶段的辅助能源主要为电能、柴油和煤炭自消耗。其中，煤炭生产阶段的掘进、运输、提升、通风和排水等过程都需动力输入，这些动力主要由电能提供，随着煤炭生产业机械化程度不断提高，煤炭生产中的电耗比例也有所上升。根据中国统计年鉴数据，2012 年全国煤炭开采和选洗业的总电力消耗达到 879.14 亿 kW·h，煤炭自消耗 26163 万 t、柴油消耗 215 万 t 。根据式(2-15)，得到煤炭采集和选洗阶段对电能、煤炭和柴油的直接消耗系数分别为 0.004、0.074、0.001。

2）焦炭生产

焦炭属于二次能源，不存在直接采集阶段，其生产阶段的辅助能耗主要为焦炉燃料以及动力、控制设备的电耗，根据统计资料，我国炼焦业主要的辅助能源消耗包括煤、燃料油、燃气和电能。将统计数据代入式(2-20)，得到焦炭加工转换阶段对煤、燃料油、燃气和电能的直接㶲消耗系数分别为 0.296、0.02、0.014 和 0.008。

3）石油能源产品生产

我国的石油来源除了自产，还有相当大的一部分需要进口，其中，2012 年进口石油比例超过 60%。对于自产石油，石油采集阶段的辅助能源主要为石油自消耗、电能以及煤炭。结合统计数据及与相关能源的能质系数，可得我国平均每开采 1kJ 㶲量的石油，直接造成 50J 的石油㶲量自消耗、11J 电能和 8J 的煤炭㶲量消耗。研究范围限定在某个区域时，该区域进口石油的开采阶段不会造成研究区域内能源产品的消耗，因此，进口石油的上游㶲消耗只考虑在研究区域内加工转换以及产品输运阶段中的辅助㶲耗。石油加工阶段，辅助能源主要为煤、燃料油、天然气和电能，石油能源产品只考虑汽油、柴油、燃料油、煤油和石油气，根据中国能源局2012年统计资料，石油能源产品总产量折算为标准煤后，约为50856万t。石油采集和加工阶段的辅助㶲消耗应由各种石油能源产品共同承担，按照式(2-15)和式(2-20)的计算方法，可得石油能源产品上游采集和加工转换阶段对煤炭、燃料油、天然气和电能的直接㶲消耗系数分别为0.316、0.052、0.014、0.015。

4）天然气生产

2012年全国天然气总消费量为1463.2亿 m^3，其中自产量为1071.5亿 m^3，差额通过进口平衡[16]。天然气采集阶段的辅助能源消耗有电能、天然气自消耗和煤炭。天然气加工阶段主要为天然气净化过程，辅助能源以电能为主，已有研究分析了典型天然气净化厂的能源消耗情况，结果显示，每净化10000 m^3天然气需消耗的电能约为1680kW·h[19,20]。将统计数据代入式(2-15)，可得天然气上游采集和加工阶段对电能、天然气和煤炭的直接㶲消耗系数分别为0.021、0.084、0.006。

5）电能生产

表2.6展示了我国2012年电能产出及能源投入结构。显然，火力发电在电力生产中占主导地位，同时，火力发电包含了多种能源输入，这些能源在电能生产阶段不仅作为主㶲源将自身包含的㶲量传递给电能产品，还承担辅助㶲源的作用，现有数据资料难以区分两者的比例，因此，本研究将火力发电看作统一的系统，根据系统的各项能源产品总输入和电能输出来计算电能生产阶段的直接㶲消耗。

对于水电和核电生产，由于水能和核能均属于可持续能源，且辅助能耗主要为电能自消耗，因而电能生产阶段没有不可持续㶲资源毁灭。然而，随着全国电力网络覆盖区域持续扩大，不同来源的电能均汇聚于电网，成为无差别电能，因而电能的上游㶲消耗系数应以研究区域总电能产出为计算基础。

表 2.6 2012 年中国电能生产结构[16]　　　　　　　（单位：PJ）

电力生产	火电				水电	核电
	煤炭	燃料油	石油气	天然气		
能源输入	34084.75	33.26	31.06	870.91	3761.77	1168.68
电能产出	14020.78				3141.08	350.60

以天然气消耗为例说明电能生产阶段的㶲消耗系数计算，根据表2.6中的能源消耗数据，2012年全国电能总产出为17512PJ，电能生产中天然气的总㶲

量输入为 818.7PJ。电能上游阶段对天然气的直接消耗系数计算式为

$$a_{\mathrm{NG,ele}}^{\mathrm{up}} = \frac{E_{\mathrm{NG}}}{E_{\mathrm{ele}}} \tag{2-32}$$

式中，E_{NG} 为用于电能生产的天然气消耗总量所包含的㶲量，PJ；E_{ele} 为全国总电能产出包含的㶲量，PJ。

代入数据得到 $a_{\mathrm{NG,ele}}^{\mathrm{up}}$ 的值约为0.047。同理可得电能上游生产阶段对煤炭、石油气和燃料油的直接消耗系数分别为 2.02、0.0018 和 0.0019。电能上游对煤的㶲消耗系数较大，这是因为电能主要由煤炭经过燃烧转换而来，不仅过程复杂，且存在大量的不可逆转化，因而系统内部与外部均有大量㶲损失。

能源产品输运阶段，输运距离、输运方式及能源强度都是影响输运阶段㶲耗的主要因素。实际生产中，不同能源产品的运输距离和运输方式存在较大差别，但在指定的区域内，受到交通设施及经济性等因素的限制，同一种能源产品的输运方式结构相对稳定并且输运距离处于一定的范围内。为了综合反映某区域内能源产品输运阶段㶲成本，能源产品输运数据采用研究区域的平均水平。

我国煤炭运输中，铁路、公路和内河运煤量分别占 77%、11% 和 12%。2010 年，全国铁路煤炭运输量达到 20 亿 t，平均运输距离约为 642km[21]。目前，我国电气化铁路和内燃牵引铁路的里程分别占 53.5% 和 46.5%。据统计资料，内燃机车运输每万吨货物时，平均每千米消耗 25.2kg 柴油，电力机车用电 111.7kW·h[22]。内河运煤的运输工具为驳船，运输距离采用全国水路货物运输平均运距，即 1781km，能源强度为每千吨货物运输一千米时消耗柴油 8.14kg。公路运煤的平均运距为 186.7km，由于本研究的运输均为大宗货物，因此运输工具以大型卡车为主，燃料为柴油，柴油货车的能源强度为 $6.0\mathrm{L}/(10^2\mathrm{t}\cdot\mathrm{km})$[23]。

石油制品输运结构为：铁路占 65%，水路占 25%，公路占 9%，管道占 1%[24]。各输运方式的平均运距分别采用全国货物运输距离的平均值，铁路为 747.6km，水路为 1781km，公路为 186.7km，管道为 515.6km。其中，管道运输的辅助能源为电能，能源强度仅为铁路的 1/3，约为 $37.2\mathrm{kW}\cdot\mathrm{h}/(10^4\mathrm{t}\cdot\mathrm{km})$。

天然气输运为管道运输，据能源统计年鉴数据，2012 年全国管道货物运输的平均输运距离为 515.6km。国内天然气干线的平均能源强度约为 $256.3\mathrm{kJ}/(\mathrm{t}\cdot\mathrm{km})$，能源结构是：电能占 42%，天然气占 58%。

电能通过导线传输，不需要其他辅助能源。由于导线存在电阻，电能在

传输阶段会有一部分转化为热能并耗散于环境中，从而造成电能㶲量损失。据电力统计年鉴资料，2011 年我国电能平均传输损失率为 7.5%[25]，这部分电能损失可看作是电力传输阶段的辅助㶲耗。

利用式(2-23)及相关数据，可得我国主要能源产品上游输运阶段的直接㶲消耗系数，结果如表 2.7 所示。

表 2.7　主要能源产品上游输运阶段的㶲消耗系数

产出	投入	
	电能	柴油
煤炭	0.0005	0.0065
石油制品	0.0002	0.0050
天然气	0.0011	0.0015
电能	0.0750	0.0000

根据式(2-28)，能源产品上游阶段的直接㶲耗包含采集、加工和运输过程的㶲量消耗，结合以上计算结果，可得我国主要能源产品上游阶段的㶲量投入产出关系，如表 2.8 所示。

表 2.8　能源产品上游阶段的辅助㶲消耗系数

产出	投入								
	煤炭	焦炭	汽油	柴油	煤油	燃料油	石油气	天然气	电能
煤炭	0.074	0	0	0.008	0	0	0	0	0.004
焦炭	0.296	0	0	0	0	0.02	0.014	0	0.008
汽油	0.316	0	0	0.005	0	0.052	0	0.014	0.015
柴油	0.316	0	0	0.005	0	0.052	0	0.014	0.015
煤油	0.316	0	0	0.005	0	0.052	0	0.014	0.015
燃料油	0.316	0	0	0.005	0	0.052	0	0.014	0.015
石油气	0.316	0	0	0.005	0	0.052	0	0.014	0.015
天然气	0.006	0	0	0.001	0	0	0	0.084	0.022
电能	2.02	0	0	0	0	0.002	0.002	0.047	0.075

利用里昂惕夫逆矩阵求解投入产出表，得到我国主要能源产品上游阶段完全辅助㶲消耗系数，联合能源产品上游㶲传递效率代入式(2-13)，可以得到 2012 年我国主要能源产品上游阶段的㶲成本系数，结果如图 2.4 所示。

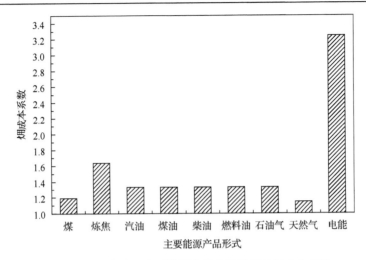

图 2.4　2012 年我国主要能源产品上游阶段的㶲成本系数

由图 2.4 可知，电能生产阶段的㶲成本系数超过 3，说明用户末端每消耗
1 个单位的电能，将造成 3 个单位以上的不可持续㶲资源毁灭，这是因为我国
电能以火力发电为主，电能生产阶段需经历一系列的能源转化过程，化石能
源包含的总㶲量不断减少，同时，电能生产系统中还存在大量由于燃烧不完
全、散热等因素引起的外部㶲损，如 2012 年全国火力发电平均能量损失超过
50%。煤炭和天然气上游阶段的㶲成本系数较低，主要因为其上游过程少且
不存在能源转化引起的不可逆内部损失。

参 考 文 献

[1] 林宗虎. 风能及其利用[J]. 自然杂志, 2008, 30(6): 309-314.

[2] 原博. 风能发电与火力发电的发展潜力对比研究[D]. 北京: 华北电力大学, 2011.

[3] 舟丹. 风力发电机的工作原理和效率[J]. 中外能源, 2012, (3): 55.

[4] 陈毓川. 矿产资源展望与可持续发展对策[R]. 21 世纪论坛 2005 年会议, 北京, 2005.

[5] OECD. Uranium 2005-Resources, Production and Demand[M]. Paris: OECD Publishing, 2005.

[6] 英国石油公司. BP 世界能源统计年鉴 2013[M]. 北京: 北京格莱美数码图文制作有限公司, 2013.

[7] 喻传赞. 太阳系中氘和氚元素的起源[J]. 云南大学学报, 1987, 9(2): 121-125.

[8] 郑瑞澄, 路宾, 李忠, 等. 太阳能供热采暖工程应用技术手册[M]. 北京: 中国建筑工业出版社, 2011.

[9] 朱颖心. 建筑环境学[M]. 北京: 中国建筑工业出版社, 2010.

[10] Rosa R N, Diogo R N. Exergy cost of mineral resources[J]. International Journal of Energy, 2008, 5: 532-555.

[11] 王婧, 张旭. 基于生命周期的能源上游清单分析模型改进[J]. 同济大学学报, 2009, 37(4): 520-524.

[12] 黄志甲. 建筑物能量系统生命周期评价模型与案例研究[D]. 上海: 同济大学, 2003.

[13] U. S. EPA. User's Guide to MOBILE5[R]. Washington D.C, U. S. EPA, 1995.

[14] 李景华. 列结构分解分析模型[J]. 系统工程理论与实践, 2009, 29(6): 1-5.

[15] 席酉民, 刘洪涛, 郭菊娥. 能源投入产出分式规划模型的构建与应用[J]. 科学学研究, 2009, 27(4): 535-540.

[16] 中国国家统计局. 中国能源统计年鉴 2013[M]. 北京: 中国统计出版社, 2013.

[17] 中国国家统计局. 中国统计年鉴 2013[M]. 北京: 中国统计出版社, 2013.

[18] Wang M Q. GREETI.5-Methodology, Development, Use and Results[D]. Illinois: Argonne National Laboratory, 1999.

[19] 岑兆海. 天然气净化厂单元能耗评价指标探讨[J]. 油气加工, 2011, 29(4): 29-31.

[20] 李庆, 李秋忙, 马建国, 等. 天然气处理(净化)厂生产能耗的评价方法研究[J]. 石油规划设计, 2009, 20(4): 21-23.

[21] 张华, 吕涛, 李爱彬. 铁路省际煤炭调运的格局及优化[J]. 铁道运输与经济, 2012, (2): 14-17.

[22] 国家统计局工业交通统计司. 中国工业经济统计年鉴 2002[M]. 北京: 中国统计出版社, 2002.

[23] 蔡凤田, 刘莉, 韩立波. 公路运输能源消耗现状及其节能降耗对策[J]. 交通节能与环保, 2006, (3): 24-27.

[24] 李春光. 我国成品油管道运输的现状和发展思路[J]. 当代石油化工, 2004, 8(12): 16-18.

[25] 《中国电力年鉴》编辑委员会. 中国电力年鉴 2011[M]. 北京: 中国电力出版社, 2012.

最优的路径

两点之间，直线最短。同样的，在能源与用户之间，需要找到利于能源节约的"直线"。

本章通过组建建筑设备系统的㶲分析模块库，根据各基本模块的串、并联组合方式建立了设备系统的通用㶲分析模型，同时考虑设备运行过程的辅助㶲耗，提出了设备系统热力性能的分析评价指标，为设备系统的组合优化及运行优化提供依据。

3 建筑设备系统㶲效率研究

能源产品从产出到在建筑中实现利用需要能量转换及输配等设备的配合使用。由于不同形式的能量之间可相互转换，即使同一种能源产品输入，也可经过不同的设备组合来满足相同的用能目的。从节约能源角度出发，理想的建筑设备系统应使资源㶲消耗最少，㶲量收益最多。对于某一建筑的用能需求，该如何确定最节能的建筑设备系统呢？

本章通过分析建筑设备的基本功能属性，将建筑设备系统模块单元化，并建立了各模块单元的通用㶲分析模型。各模块单元均包含相应的设备库，建筑设备系统可通过模块单元的设备库调用组成。能源在经过建筑设备系统时，考虑主㶲源和辅助㶲源输入，并针对模块单元不同的组合方式给出了建筑设备系统的总㶲效率分析方法。研究结果将为建筑设备系统方案的节能评价和低㶲优化提供依据。

3.1 建筑设备系统模块化研究

在能源产品的利用过程中，建筑设备承担的基本功能包含能量转换、能量输送和末端利用。不同功能的设备为实现同一目的而组合在一起，形成了建筑设备系统。因此，建筑设备系统的基本单元包含三部分：能量转换单元、能量传输单元和末端单元。

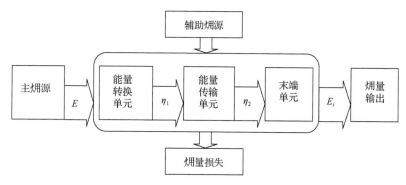

图 3.1　建筑设备系统基本结构及㶲传递过程

图 3.1 展示了建筑设备系统的基本能量过程，可以看出，它是由基本能量单元依据能量流动组合而成。建筑设备系统的能源输入包含两部分：主能源和辅助能源。其中，主能源经过设备系统各模块，最终在末端中实现利用，从而满足用能需求；辅助能源消耗主要是为设备提供动力、调控等能量需求，保证设备系统的正常运行。

3.2　能量转换单元热力学分析

在满足不同种类的能量需求时，通常需要进行能量转换，能够实现这一过程的设备或设备组合即为能量转换单元。由于实际过程的不可逆性以及能量传递的方向性，能量转换单元必然存在损失，而同一种能量可由多种能量转换单元获得，为了对比不同能量转换单元的节能效果，研究建立了能量转换单元的通用㶲分析模型并对典型能量转换设备㶲损失原因及改进方向进行了分析。

3.2.1　能量的形态和转换特性

能量是物质运动的量度，根据物质的不同运动形式，如机械运动、电磁运动、不规则运动、化学变化以及核变等，能量也就有与运动形式相应的不同形态。储存能，指在自然状态下比较稳定地存在的能量，包括矿物燃料、生物燃料、核燃料等，化学能和核能是它的主要形态；不规则能，指由于原子、分子等粒子不规则运动所产生的能量，如热能和冷能等；机械能，指物体宏观动能、位能以及诸如弹簧、发条所具有的弹性能等能量；电磁能，主要指电磁场对运动电荷做功而产生的电能；辐射能的典型代表是太阳能，同时还包括电磁波、声波、弹性波、核放射线所传递的能量。上述几种能量形态之间大部分都可以相互进行转换。表 3.1 列举了常规能源转换为建筑中所需能量形式的方法。

由表 3.1 可知，其他形态的能量转换为热能的过程非常容易，理论上转换效率可以接近 100%。而包含热能的不规则能除了可高效转化为冷能外，转换为电能和功的效果较差，即使在理论上也不可能接近 100%。可见，同其他能量形态相比较，热能的转换能力较差，因而是一种低质量的能。电能和机械能的转换能力最强，属于高质量的能。

表 3.1　建筑主要能量形式的转换方法[1]

能量形式	储存能	不规则能	机械能	电能	辐射能
热能	燃烧 ○	换热 ○	摩擦 ○	电加热 ○	太阳能集热器 ○
冷能	–	吸收式制冷 ○	喷射式制冷 ○	压缩制冷 ○	辐射制冷
电能	燃料电池 ○	热电偶	发电机 ○	变压 ○	光电转换
功	渗透压	热机	传动 ○	电动机 ○	超声波加工

注："○"表示理论上转换效率可接近 100%；"–"表示难以直接转换。

3.2.2　能量转换单元㶲效率

能量转换单元的基本能量流动过程如图 3.2 所示。进入能量转换单元的能量包含主能源和辅助能源的能量输入；流出该单元的能量一部分作为能量收益，另一部分为损失的能量。

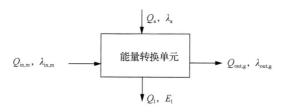

图 3.2　能量转换单元的基本能量流动过程

根据图 3.2，可得到能量转换单元的能量平衡方程：

$$Q_{in,m} + Q_a - Q_{out,g} - Q_l = 0 \tag{3-1}$$

式中，$Q_{in,m}$ 为主能源输入的能量，J；Q_a 为辅助能源输入的能量，J；$Q_{out,g}$ 为能量转换单元有效输出的能量，J；Q_l 为能量损失，J。

主能源在能量转换单元的传递效率定义为

$$\eta_{m,g} = \frac{Q_{out,g}}{Q_{in,m}} \tag{3-2}$$

考虑辅助能量消耗时，能量转换单元的总能量效率为

$$\eta_{o,g} = \frac{Q_{out,g}}{Q_{in,m} + Q_a} \tag{3-3}$$

结合能量平衡方程和各能量形式的品质系数,可建立能量转换单元的㶲量平衡方程:

$$Q_{in,m}\lambda_{in,m} + Q_a\lambda_a - Q_{out,g}\lambda_{out,g} - E_l = 0 \tag{3-4}$$

式中, $\lambda_{in,m}$ 为主能源的能量品质系数; λ_a 为辅助能源的能量品质系数; $\lambda_{out,g}$ 为能量转换单元有效输出能量的品质系数; E_l 为能量转换单元的总㶲损失,J。

类似于主能源传递效率,主㶲源的㶲传递效率定义为

$$\phi_{m,g} = \frac{Q_{out,g}\lambda_{out,g}}{Q_{in,m}\lambda_{in,m}} = \eta_{m,g}\frac{\lambda_{out,g}}{\lambda_{in,m}} \tag{3-5}$$

考虑辅助能源包含㶲量的消耗,能量转换单元的总㶲效率为

$$\phi_{o,g} = \frac{Q_{out,g}\lambda_{out,g}}{Q_{in,m}\lambda_{in,m} + Q_a\lambda_a} \tag{3-6}$$

在能量转换单元通用㶲分析模型的基础上,针对具体能量形式的转换过程,如建筑需求的热能、冷能、电能以及功量的转换,可进一步得到各能量形式的㶲转换效率计算方法。

1) 热能转换单元

自然界中,多种能量形式均可直接转换为热能,这些转换过程的机理以及使用的设备存在差异,但目的相同,因此统称为热能生产单元,同样,为满足建筑的其他用能需求,相应的有冷能生产单元、电能生产单元等。热能转换单元的㶲效率取决于输入能源和输出热能的能质水平以及能量转换效率,热能转换单元㶲效率的数学表达式为

$$\phi_h = \eta_h \left(1 - \frac{T_0}{T_h}\right) \bigg/ \lambda_R \tag{3-7}$$

式中, η_h 为热能转换效率,%; T_h 为释放热量的热源温度,K; λ_R 为输入能源资源的能质系数。

2) 冷能转换单元

同热量㶲一样，冷能包含的㶲也是与温度直接相关的，只是越低于基准温度，冷量的含㶲系数越高。冷能转换单元㶲效率按式(3-8)计算：

$$\phi_c = \eta_c \left(\frac{T_0}{T_c} - 1 \right) \bigg/ \lambda_R \qquad (3-8)$$

式中，η_c 为冷能转化效率，%；T_c 为释放冷量的冷源温度，K。

3) 电能转换单元

理论上，电能可全部用来做功，电能的㶲量即为电的能量，因而电能转换单元㶲效率只取决于输入能源的能质系数和电能转换效率：

$$\phi_e = \eta_e / \lambda_R \qquad (3-9)$$

式中，η_e 为电能生产效率。

4) 热量交换单元

换热单元是将高温工质的热量传递给低温工质的设备。集中供热系统中的换热器以及空气处理系统中的表冷器均属于热量交换单元。换热单元的㶲损失主要为热量不可逆传递造成的内部损失，另外还有设备散热造成的热量㶲损失和工质流动阻力引起压力㶲损失，后两部分都是由于设备原因引起的外部损失。换热单元的能量流动过程如图 3.3 所示。

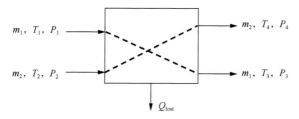

图 3.3　换热单元能量流动过程

图 3.3 中，热量交换在工质 m_1 和 m_2 之间进行。工质 m_1 在经过热量交换单元之后，质量流量不变，温度和压力分别变为 T_3 和 P_3；工质 m_2 经过热量交换单元后温度和压力分别变为 T_4 和 P_4。两种工质均属于稳定流动工质。此外，换热单元的能量平衡方程为

$$m_1 h_1 + m_2 h_2 - m_1 h_3 - m_2 h_4 - Q_1 = 0 \qquad (3-10)$$

式中，h_1 为工质 m_1 进入热量交换单元之前的比焓，kJ/kg；h_2 为工质 m_2 进入热量交换单元之前的比焓，kJ/kg；h_3 为工质 m_1 流出换热单元后的比焓，kJ/kg；h_4 为工质 m_2 流出热量交换单元后的比焓，kJ/kg；Q_1 为换热单元的能量损失，J。

换热单元的能量转换效率可按低温工质焓值收益和高温工质焓值降低量之比计算：

$$\eta_{ex} = \frac{m_1(h_3 - h_1)}{m_2(h_2 - h_4)} \tag{3-11}$$

稳流工质包含的㶲量有两部分：与温度和压力相关的焓㶲以及由工质宏观运动和位置变化带来的机械㶲。这两部分㶲量都属于稳流工质的物理㶲，单位质量工质包含的物理㶲为

$$e = h - h_0 - T_0(s - s_0) + \frac{1}{2}v^2 + Zg \tag{3-12}$$

式中，h_0 为稳流工质与环境达到热力平衡的比焓，kJ/kg；T_0 为环境基准温度，K；s 为工质的比熵，kJ/(kg·K)；s_0 为工质与环境达到热力平衡时的比熵，kJ/(kg·K)；v 为工质的宏观运动速度，m/s；g 为重力加速度，m/s²；Z 为工质相对基准位置高度差，m。

通常情况下，工质的动能与位能在经过换热单元时变化不大，相对于焓值可忽略不计，因此，单位质量稳流工质的物理㶲可简化为

$$e = h - h_0 - T_0(s - s_0) \tag{3-13}$$

根据换热单元的能量流动过程，稳流工质 m_1 流经换热单元后，温度和压力参数均发生变化，相应的比焓㶲也会变化。工质 m_1 在热量交换单元前后的焓㶲变化为

$$\Delta e_1 = h_3 - h_1 - T_0(s_3 - s_1) \tag{3-14}$$

同理，稳流工质 m_2 经过热量交换单元前后的比焓㶲变化为

$$\Delta e_2 = h_2 - h_4 - T_0(s_2 - s_4) \tag{3-15}$$

热量交换单元的㶲效率可按式(3-16)计算：

$$\phi_{\text{ex}} = \frac{m_1 \Delta e_1}{m_2 \Delta e_2} \tag{3-16}$$

能量转换过程需要各种各样的设备或设备组合。为了便于设备的优化组合，并且为以后的程序化设计提供基础，研究在分析能量转换设备的能量和㶲量效率以及影响参数等信息的基础上，建立了能量转换单元的设备信息库。通过调用信息库中的设备可组合实现各种各样的能量转换的目的，此外，还可比较不同能量转换路径的㶲效率，结合㶲损率计算可找出影响㶲效率的关键因素和改进方向。

能量转换设备可根据转换前后的能量形式分类。常见的能量形式有化学能、热能、冷能、电能、机械能和辐射能，这几种能量形式分别记为 F、H、C、E、M、R，则化学能转换为热能的设备可记为 D_{F-H}，热能转换为冷能的设备记为 D_{H-C}，热量交换设备记为 D_{H-H}，以此类推，能够区分各种类型的能量转换设备。

3.3 能量传输单元㶲分析模型

能量传输单元是连接能量转换单元之间以及转换单元与末端单元的中间环节。该部分包含的主要设备形式有：管线、动力设备(风机、水泵等)、监测以及控制设备。图 3.4 为能量传输单元的能量流动过程。

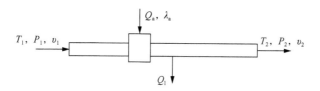

图 3.4 能量传输单元的能量流动过程

能量在经过传输单元时，其载体可能存在变化(如热水气化为蒸汽或蒸汽冷凝为热水)，但能量的种类不发生变化。辅助能量消耗主要是为了给能量载体提供传输动力，另外还有少量辅助能量用来维持监测及调控设备的正常运行。能量传输设备中的能量损失主要由散热、泄露和设备阻力等因素造成。

3.3.1 能量传输单元热效率

能量载体的传输过程中，动力设备所提供的㶲量直接传递给能量载体，使能量载体流出动力设备时压力㶲增大，这部分㶲量在传输过程中用于克服管线的沿程阻力与局部阻力，当完成一个传输循环时，动力设备提供的压力㶲基本被全部抵消。在能量传输单元中，动力设备的能耗属于辅助能耗，该部分㶲耗与主㶲源之间属于并联关系，因此，在计算能量传输单元的总㶲效率时，将此部分㶲耗计入用能系统的代价㶲中。

以能量输配单元为整体，可建立该单元的能量平衡方程：

$$m(h_1 - h_2) + Q_a - Q_1 = 0 \tag{3-17}$$

式中，m 为传输单元中能量载体的质量流量，kg/s。

能量传输单元的总能量损失包括：散热/冷引起的焓值损失，这与管网的保温性能、管内外温差、输送长度等因素有关；有时能量载体透过传输设备泄露到环境中，造成能量总数减少；此外，设备中存在阻力，这使得能量载体的机械能在传输过程中不断减少。

能量传输单元的主能源效率为流出该单元能量载体的能量与进入该单元能量载体的能量之比：

$$\eta_{m,t} = \frac{h_2}{h_1} \tag{3-18}$$

由于能量传输单元中辅助动力消耗常占较大比重，评价能量传输单元的节能性时，辅助能量消耗需要重点关注，因而有了辅助能耗系数，其含义为有效输出单位能量所消耗的辅助动力，即

$$\varphi = \frac{Q_a}{h_2} \tag{3-19}$$

式中，φ 为能量传输单元的辅助能耗系数。

考虑辅助能量消耗时，能量传输单元的总能量效率为

$$\eta_{o,t} = \frac{h_2}{h_1 + h_2\varphi} \tag{3-20}$$

3.3.2 能量传输单元㶲效率

能量载体进入和流出传输单元时,温度和压力参数发生变化,相应的能量品质有所变化,因而存在不可逆㶲损失。能量传输单元的㶲平衡方程为

$$m(h_1 - h_2 - T_0 s_1 + T_0 s_2) + Q_a \lambda_a - E_1 - \Pi = 0 \qquad (3\text{-}21)$$

式中,s_1 为能量载体进入传输单元时的比熵,kJ/(kg·K);s_2 为能量载体流出传输单元时的比熵,kJ/(kg·K);Π 为能量传输单元内部的不可逆㶲损失,kJ。

能量传输单元的主㶲源效率为

$$\phi_{m,t} = \frac{e_2}{e_1} = \frac{h_2 - h_0 - T_0(s_2 - s_0)}{h_1 - h_0 - T_0(s_1 - s_0)} \qquad (3\text{-}22)$$

对于大多数液体工质,比热容和比体积等物性参数随温度变化不大,可以忽略,因此在传输液体能量载体时,主㶲源效率可表示为只与温度有关的函数,即

$$\phi_{m,t} = \frac{T_2 - T_0 - T_0 \ln T_2 / T_0}{T_1 - T_0 - T_0 \ln T_1 / T_0} \qquad (3\text{-}23)$$

式中,T_1 为液体工质进口温度,K;T_2 为液体工质出口温度,K。

考虑辅助㶲耗时,能量传输单元总㶲效率为

$$\phi_{o,t} = \frac{m e_2}{m e_1 + Q_a \lambda_a} = \frac{m(h_2 - h_0 - T_0 s_2 + T_0 s_0)}{m(h_1 - h_0 - T_0 s_1 + T_0 s_0) + Q_a \lambda_a} \qquad (3\text{-}24)$$

总㶲效率反映能量传输单元的整体性能,是评价能量传输单元热力性能的关键指标。效率越高,说明该能量传输单元的热力性能越好。

3.4 末端单元㶲分析模型

末端单元是指设备系统中能量与用户交互从而实现价值的部分。采暖系统中,常见的末端单元有散热器、地暖盘管、风机盘管以及电取暖器。空调系统中,常见的末端单元有风口、风机盘管以及毛细管低温辐射板等。

在末端单元中,根据系统是否封闭,可将主能量输入分为两种方式:①开口系统,能量随载体一起直接传递给用户以满足用能需求,如中央空调的风

口、燃气灶等；②稳流系统，能量载体流经末端设备，一部分能量传递给用户，另一部分能量传回到上游的能量转换单元，如散热器。对于部分末端单元，有时为了改善设备效率和能量利用效果，需要辅助能量的协助，如风机盘管中利用风机强化换热，这部分能量消耗也应计入末端单元的总能量消耗中。末端设备中，能量损失的主要原因包括散热造成的热量损失和阻力引起的机械能损失，对于使用燃料的末端设备，还存在不完全燃烧和泄露引起的能量损失。

3.4.1　末端单元能量效率

根据末端单元能量流动过程，可建立该单元的能量平衡方程：

$$Q_{in} - Q_{out} + Q_a - Q_{gain} - Q_l = 0 \tag{3-25}$$

式中，Q_{in} 为输入末端单元的主能源能量，J；Q_{out} 为从末端单元流回的主能源能量，J；Q_a 为末端单元运行时消耗的辅助能量，J；Q_{gain} 为建筑由末端单元收获的能量，J；Q_l 为末端单元的能量损失，J。

末端单元的主能源效率为

$$\eta_{m,main} = \frac{Q_{gain}}{Q_{in} - Q_{out}} \tag{3-26}$$

考虑辅助能量消耗时，末端单元的总能量效率为

$$\eta_{o,end} = \frac{Q_{gain}}{Q_{in} - Q_{out} + Q_a} \tag{3-27}$$

3.4.2　末端单元㶲效率

在末端单元中，不仅包括外部能量的数量损失，还存在由于过程不可逆性造成的能量品质降低。以末端单元的进出口以及设备与环境的接触面为系统边界，可以建立末端单元的㶲量平衡方程：

$$Q_{in}\lambda_{in} - Q_{out}\lambda_{out} + Q_a\lambda_a - Q_{gain}\lambda_{gain} - E_l - \Pi = 0 \tag{3-28}$$

式中，λ_{in} 为能量进入末端单元时的能质系数；λ_{out} 为能量从末端单元流回时的能质系数；λ_a 为辅助能量的能质系数；E_l 为由于能量损失引起的㶲损失，J。

对于开口系统，不存在回流能量，因此式(3-28)中第一项即为主㶲源输入㶲量；对于稳流系统，如冷/热媒的流动，主㶲源的㶲量输出为

$$Q_{in}\lambda_{in} - Q_{out}\lambda_{out} = m(h_{in} - h_{out} - T_0 s_{in} + T_0 s_{out}) \tag{3-29}$$

式中，m 为稳流能量载体的质量流量，kg/s；h_{in} 为能量载体进入末端单元时的比焓，kJ/kg；h_{out} 为能量载体流出末端单元时的比焓，kJ/kg；s_{in} 为能量载体进入末端单元时的比熵，kJ/(kg·K)；s_{out} 为能量载体流出末端单元时的比熵，kJ/(kg·K)。

当只关注主㶲源输入㶲量的利用程度时，可得到末端单元的主㶲源效率：

$$\phi_{m,end} = \frac{Q_{gain}\lambda_{gain}}{Q_{in}\lambda_{in} - Q_{out}\lambda_{out}} \tag{3-30}$$

同主㶲输入的目标一致，辅助㶲量消耗也是为了使末端单元向用户提供㶲量，因此，辅助㶲量也是末端单元的代价㶲，则末端单元的总㶲效率为

$$\phi_m = \frac{Q_{gain}\lambda_{gain}}{Q_{in}\lambda_{in} - Q_{out}\lambda_{out} + Q_a\lambda_a} \tag{3-31}$$

总㶲效率反映了末端单元的整体节能效果，效率越高，越有利于能源节约。

对于末端设备的热力完善度，可通过不可逆㶲损率评判。末端单元的不可逆㶲损失可由式(3-32)计算：

$$\Pi = Q_{gain}\left(\frac{Q_{in}\lambda_{in} - Q_{out}\lambda_{out}}{Q_{in} - Q_{out}} - \lambda_{gain}\right) \tag{3-32}$$

不可逆㶲损率为 Π 值与末端单元总㶲损失之比：

$$\delta_{end} = \frac{\Pi}{E_l + \Pi} \tag{3-33}$$

式中，δ_{end} 为末端单元的不可逆㶲损率，该值越大，说明末端设备的内部损失占有比例越大，㶲效率的改善应着力于能质匹配；δ_{end} 的值越小，说明末端㶲损失主要由外部原因引起，提高㶲效率应着重于改进设备性能。

3.5　设备系统㶲分析模型

任何一个设备系统都是由若干个基本能量单元组成的，但无论系统大小如何，所包括的基本单元有多少，各基本能量单元在组成设备系统时无外乎以下三种组合方式：串联组合、并串组合和串并组合。

3.5.1　串联组合㶲分析

设备串联组合，是指在设备系统中，前一个单元的有效输出㶲恰恰是后一个单元的输入㶲，或是指后一个单元的代价㶲是前一个单元的收益㶲，则这样两个单元为串联组合。对于建筑设备系统，基本单元的串联组合方式极为普遍，特别是对于单一能量目的的设备系统，甚至可完全利用串联组合构成。图 3.5 为串联组合的㶲分析模型。

图 3.5　串联组合㶲分析模型

根据串联组合的主㶲源㶲量流动情况，可知串联组合的主㶲源效率为

$$\phi_{m,cl} = \frac{E_{out}}{E_{m,in}} \tag{3-34}$$

式中，$\phi_{m,cl}$ 为串联组合主㶲源效率；E_{out} 为串联组合的㶲收益，J；$E_{m,in}$ 为串联组合主㶲源㶲量消耗，J。

结合各能量单元的㶲量输入和输出情况，串联组合的主㶲源效率可表示为

$$\phi_{m,cl} = \frac{E_{B,in}}{E_{m,in}} \frac{E_{C,in}}{E_{B,in}} \frac{E_{out}}{E_{C,in}} = \phi_{m,A}\phi_{m,B}\phi_{m,C} \tag{3-35}$$

式中，$E_{B,in}$ 为能量单元 B 的主㶲源㶲量输入，J；$E_{C,in}$ 为能量单元 C 的主㶲源㶲量输入，J；$\phi_{m,A}$、$\phi_{m,B}$ 和 $\phi_{m,C}$ 分别为设备单元 A、B、C 的主㶲源效率。

以串联组合为整体时，可建立该整体的㶲平衡方程：

$$E_{m,in} - E_{out} + \sum(E_a - E_l - \Pi) = 0 \tag{3-36}$$

串联组合的总㶲效率可表示为

$$\phi_{o,cl} = \frac{E_{out}}{E_{m,in} + \sum E_a} \tag{3-37}$$

3.5.2   并串组合㶲分析

并串组合是指用能系统中有若干个单元，其输入㶲量相互平行，输出㶲量汇聚于同一个能量单元。并串组合的㶲传递过程如图 3.6 所示。

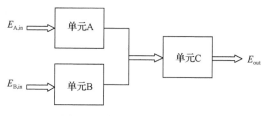

图 3.6   并串组合㶲分析模型

在建筑设备系统中，并串组合常见于大型系统中，这些系统中之所以出现设备单元并联的现象，有的是因为负荷较大，如锅炉并联运行、制冷机并联运行；有的是因为运行工质流量较大，如多台泵或风机的并联运行；有的则是因为末端较多，如空调末端并联运行。

对于并联单元 A 和单元 B，其输出㶲量可根据各单元的主㶲源效率算得

$$E_{A,out} = E_{A,in}\phi_{m,A} \tag{3-38}$$

$$E_{B,out} = E_{B,in}\phi_{m,B} \tag{3-39}$$

式中，$E_{A,in}$ 为能量单元 A 的主㶲源㶲量输入，J。

图 3.6 中三个能量单元间的㶲量关系为

$$(E_{A,in}\phi_{m,A} + E_{B,in}\phi_{m,B})\phi_{m,C} - E_{out} = 0 \tag{3-40}$$

式中，E_{out} 为并串组合有效输出的㶲量，J。

上述并串组合的主㶲源效率为

$$\phi_{m,bc} = \frac{E_{out}}{E_{A,in} + E_{B,in}} \tag{3-41}$$

将式(3-40)代入式(3-41)，得到并串组合的主㶲源效率可按式(3-42)计算：

$$\phi_{m,bc} = \frac{(E_{A,in}\phi_{m,A} + E_{B,in}\phi_{m,B})\phi_{m,C}}{E_{A,in} + E_{B,in}} \tag{3-42}$$

式(3-42)中，并联单元的主㶲量输入可根据输入能量及品质系数算得，各单元的主㶲源效率在设备及相关能量载体参数确定后，可通过调用设备信息库数据算得。

并串组合的整体热力性能还需考虑辅助㶲量的消耗，因此有了总㶲效率，其定义为并串组合的有效输出㶲量与该组合消耗的总㶲量之比：

$$\phi_{o,bc} = \frac{(E_{A,in}\phi_{m,A} + E_{B,in}\phi_{m,B})\phi_{m,C}}{E_{A,in} + E_{B,in} + \sum Q_a\lambda_a} \tag{3-43}$$

该㶲效率能够反映并串组合的整体节能效果，当有多种并串组合均可实现同一用能效果时，总㶲效率越高的并串组合越有利于能源节约。

3.6　建筑设备系统㶲分析

设备系统可看作是不同功能的基本能量单元为完成共同的目的而按一定方式组合在一起的整体。而在很多情况下，实现同一用能目的时，存在多种组合方式。对于使用目的相同而设备组合不同的建筑设备系统，需要找出最符合能源可持续利用的设备系统。为此，研究建立了建筑设备系统的通用㶲分析模型，如图3.7所示。基本能量单元首先按照功能需求组成各种单元组合，各单元组合又依据一定顺序连接成为设备系统。主㶲源输出㶲量经过设备系统传递到用户处，其中，对于稳流㶲的传递，存在㶲量回流，如图3.7中虚线所示。设备系统的辅助㶲耗为各个单元的辅助㶲耗之和。系统总㶲损失包含各单元中发生的㶲损失。

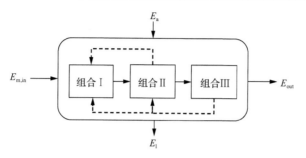

图 3.7 建筑设备系统㶲流动过程

根据建筑设备系统㶲流动过程，可建立该系统的㶲量平衡方程：

$$E_{m,in} + E_a - E_{out} - E_1 - \Pi = 0 \tag{3-44}$$

式中，$E_{m,in}$ 为系统主㶲源输出的㶲量，J；E_a 为设备系统消耗的辅助㶲量，J；E_{out} 为系统有效输出的㶲量，J。

设备系统的㶲利用效果主要受以下三方面影响：耗费主㶲源的㶲量；有效输出的㶲量；系统运行过程中辅助㶲量消耗。这几方面内容均可通过系统㶲分析得到量化指标。

3.6.1 设备系统主㶲源效率

系统主㶲源效率定义为：主㶲源向设备系统输入单位㶲量时，设备系统末端单元能够有效输出的㶲量比例。该效率反映了设备系统对主㶲量的传输能力。计算设备系统的主㶲源效率需要以主㶲量输入为起点，追踪这部分㶲量在设备系统中的流动及分布情况，直到主㶲量从设备系统有效输出：

$$\phi_{m,s} = \frac{E_{out}}{E_{m,in}} \tag{3-45}$$

式中，$\phi_{m,s}$ 为设备系统的主㶲源效率。

针对图 3.7 所示的设备系统㶲传递过程，可以得到

$$\phi_{m,s} = \frac{E_{I,out}}{E_{m,in}} \frac{E_{II,out}}{E_{I,out}} \frac{E_{out}}{E_{II,out}} = \phi_{m,I} \phi_{m,II} \phi_{m,III} \tag{3-46}$$

式中，$E_{I,out}$ 为单元组合 I 有效输出的㶲量，J；$E_{II,out}$ 为单元组合 II 有效输出的㶲量，J；$\phi_{m,I}$ 为单元组合 I 的主㶲源效率；$\phi_{m,II}$ 为单元组合 II 的主㶲源效

率；$\phi_{\mathrm{m,III}}$ 为单元组合III的主㶲源效率。

设备系统的主㶲源效率为组成该系统的各单元组合的主㶲源效率的乘积。因此，改善系统主㶲源效率需要兼顾各单元组合，单一提高某部分的㶲传递效率未必能使系统效率提高。改善措施主要包括以下两方面：更先进的设备技术，优化匹配设备前后以及设备之间的能量品质。

3.6.2 设备系统辅助㶲耗系数

设备系统的正常运行，需要其他能量的辅助作用，如动力、监测和调控等。这些"其他能量"包含的㶲量称为辅助㶲。设备系统往往包含多个功能不一的基本单元，因此辅助㶲源并不唯一，辅助㶲进入系统的位置也不同。

进入系统的辅助㶲量并不随主㶲量一起作为有效㶲量输出，而是为了使主㶲量能够顺利经过设备系统各部分，从而实现更好的利用效果，如热媒传递过程中，泵的功耗是为了帮助热媒克服阻力流动至末端单元。为了比较不同设备系统对辅助㶲的利用程度，研究定义了辅助㶲耗系数，其含义为设备系统有效输出㶲量与该系统消耗的总辅助㶲量之比：

$$\xi_{\mathrm{a,s}} = \frac{E_{\mathrm{a}}}{E_{\mathrm{out}}} \tag{3-47}$$

式中，$\xi_{\mathrm{a,s}}$ 为设备系统的辅助㶲耗系数。

辅助㶲耗系数越低越有利于能源节约，因此，可将辅助能耗系数作为设备系统节能性的评判指标之一。

根据图3.7所示的设备系统模型，系统辅助㶲耗为各组成单元的辅助㶲耗之和：

$$E_{\mathrm{a}} = \sum_{i=\mathrm{I}}^{\mathrm{III}} E_{\mathrm{a},i} \tag{3-48}$$

式中，$E_{\mathrm{a},i}$ 为系统单元 i 的辅助㶲消耗，J。

3.6.3 设备系统总㶲效率

根据图3.7所示的设备系统㶲分析模型，该系统的总㶲输入包含主㶲源和辅助源的㶲量输入，则设备系统的总㶲效率为系统有效输出㶲量与系统的总㶲量输入之比，表示为

$$\phi_s = \frac{E_{out}}{E_{m,in} + E_a} \tag{3-49}$$

设备系统总㶲效率有效反映系统的整体热力性能，其含义为系统有效输出单位㶲量时，所造成的自然界不可持续㶲量的总损耗。该效率可作为评价设备系统节能性的综合指标，效率值越高，说明系统对于㶲量的使用越有利于能源的可持续性，反之则表明系统还存在很大的节能空间。

结合式(3-45)和式(3-47)，得到总㶲效率与主㶲源效率及辅助㶲耗系数的关系：

$$\phi_s = \frac{\phi_{m,s}}{1 + \phi_{m,s}\xi_{a,s}} \tag{3-50}$$

由式(3-50)可以看出，辅助㶲耗系数越小以及主㶲源效率越高，越有利于设备系统总㶲效率的提高。

参 考 文 献

[1] 朱明善. 能量系统的分析[M]. 北京: 清华大学出版社, 1988.

按 需 分 配

实际过程中，建筑端的能源利用往往存在过量供应或供给不足等问题，这都会降低能源的利用效果。能源被高效、优质利用的前提是掌握用户的真实需求，做到按需分配。

建筑中存在多种用能项目，它们对能源数量、品质以及用能空间、时间分布上的要求都值得研究，进而可为降低建筑运行过程的㶲耗提供基础。

4 建筑㶲耗特性分析

建筑能量系统的最终目的是满足建筑物的用能需求，如维持舒适的室内环境、提供人们的生活用能等。这些用能项目不仅能耗数量不同，对能量品质的要求也有差异。然而，目前的建筑节能研究中，无论是能耗总量统计还是用能耗强度分析，均无法体现各用能项目在能源品质需求上的差异。以采暖空调用能为例，其目的是维持室内 20℃ 左右的温度需求，而这种低品质的能量需求通常是由高品质的化石燃料和电能来满足，能源供应与能量需求间巨大的能质差异决定了能源在品质上的低效利用。由此可见，建筑端的节能不仅要减少对能量的消耗，还应控制能源在品质上的损失，综合"能"在数量和品质上的高效利用，建筑物的节能应以降低㶲量消耗为目标。

研究在分析建筑物能量传递的基础上，建立了建筑物的㶲量平衡分析模型，对建筑中各分项用能进行了能质需求分析，并分别建立了以建筑物为系统边界的㶲量平衡方程，以获得建筑㶲损耗的关键位置及影响因素，并找出改善方法。

4.1 建筑物㶲量平衡分析

建筑物在保证使用功能时，通常情况下，建筑物内部空气温度、压力等参数相对于室外环境存在差异，同时，需要光照、机械能和电磁能等形式能量的输入。其中，光照等形式的能量经过利用，能量品质降低，最终转换为室内空气的内能或通过围护结构到达室外环境中。另外，由于温度和压力梯度的作用，建筑内部的能量也会通过围护结构传递到室外环境中，相应地造成了热量㶲以及压力㶲的损失。为了维持建筑物的功能，需要弥补建筑物的㶲量的损失，由此形成了建筑物的基本㶲量需求。图 4.1 示意了建筑物与环境之间的㶲量关系。

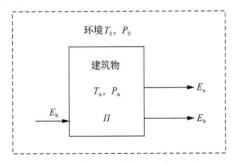

图 4.1　建筑物与环境之间的㶲传递关系

根据图 4.1 所示的㶲量流动关系，可建立建筑物的㶲量平衡方程：

$$E_b - \Pi - E_h - E_u = 0 \tag{4-1}$$

式中，E_b 为建筑物的基本㶲量需求，其含义是在维持建筑物设定温、湿度等参数条件时，理论上建筑物的最小㶲需求量，J；Π 为能量在建筑中的不可逆损失，含义是基本能量在建筑中利用时，由于能质下降造成的㶲损失，J；E_h 为建筑物通过围护结构与环境进行热量交换所造成的热量㶲损失，J；E_u 为建筑物与环境之间进行空气交换所造成的内能㶲损失，J。

式 (4-1) 中的三类㶲损失分别根据能质系数、热量㶲和内能㶲的方法计算，因此，建筑物的㶲平衡方程可表述为

$$E_b - \sum Q_b(\lambda_{in} - \lambda_{out}) - \left(1 - \frac{T_0}{T_n}\right)\delta Q_h - m(h_n - h_0 - T_0 s_n + T_0 s_0) = 0 \tag{4-2}$$

式中，Q_b 为建筑内部某项用能的基本能量需求，J；λ_{in} 为基本能量需求的能质系数；λ_{out} 为能量利用后的能质系数；T_0 为基准环境温度，K；T_n 为室内温度，K；Q_h 为建筑物与环境交换的热量，J；m 为建筑物与环境的空气交换量，kg；h_n 为建筑内部空气的比焓，J/kg；h_0 为室外空气的比焓，J/kg；s_n 为建筑内部空气的比熵，kJ/(kg·K)；s_0 为室外空气的比熵，kJ/(kg·K)。

由于建筑中不同用能项目对能量品质的需求存在差异，因此在㶲量分析时需对各用能项目分项计算。

1）建筑采暖㶲耗

冬季，室外环境温度低于建筑物内部空气温度，热量通过建筑围护结构

传递到室外，为了维持人们需求的室内热舒适温度，需要向建筑物供给热量，因此产生了采暖热负荷。建筑采暖热负荷的表达式[1]为

$$Q_{\mathrm{H}} = Q_{\mathrm{HT}} + Q_{\mathrm{INF}} - Q_{\mathrm{IN}} \tag{4-3}$$

式中，Q_{H} 为建筑采暖热负荷，J；Q_{HT} 为通过围护结构传热耗热量，J；Q_{INF} 为冷风渗透引起的热量损失，J；Q_{IN} 为建筑物内部得热，J。

室内外温差是各项热量损失产生的基础。此外，围护结构传热耗热量与传热系数、面积以及朝向有关；冷风渗透与侵入引起的热负荷则受房间体积、门窗数量及密闭性等因素影响，为方便计算，可利用换气次数法计算该耗热量；人员和设备散热属于得热项，可按经验数据取值。建筑采暖热负荷可按式(4-4)计算：

$$Q_{\mathrm{H}} = (T_{\mathrm{n}} - T_{\mathrm{w}})(\sum \kappa k F + c_{\mathrm{p}} \rho V N) - \sum q_{\mathrm{in}} F \tag{4-4}$$

式中，T_{n} 为采暖建筑平均室内设计温度，K；T_{w} 为采暖期室外空气平均温度，K；κ 为围护结构传热系数的修正系数；k 为围护结构的传热系数，W/(m²·K)；F 为围护结构传热面积，m²；c_{p} 为空气比热容，kJ/(kg·K)；ρ 为空气密度，kg/m³；V 为采暖空间体积，m³；N 为换气次数，次/h；q_{in} 为单位建筑面积的建筑物内部得热，W。

维持建筑内部热舒适，需要保持室内稳定的温度，因此，建筑物向室外环境的传热可以看作是等温热源向外传递的热量，这部分热量包含的㶲量为

$$E_{\mathrm{H}} = Q_{\mathrm{H}} \left(1 - \frac{T_{\mathrm{w}}}{T_{\mathrm{n}}}\right) \tag{4-5}$$

2) 建筑空调㶲耗

夏季，室外气温高且太阳辐射强烈，热量通过围护结构进入室内，使室内温度超过舒适限制，为了消除室内多余的热量，需要向建筑物供冷，由此产生建筑物冷负荷。建筑物的空调冷负荷表达式为

$$\mathrm{CL} = \mathrm{CL}_{\mathrm{T}} + \mathrm{CL}_{\mathrm{WR}} + \mathrm{CL}_{\mathrm{IN}} \tag{4-6}$$

式中，CL 为建筑物空调逐时冷负荷，W；CL_{T} 为通过围护结构进入的非稳态

传热形成的逐时冷负荷，W；CL_{WR}为透过玻璃窗进入空调区的太阳辐射得热形成的冷负荷，W；CL_{IN}为室内热源散热形成的冷负荷，W。

为简化计算和便于节能设计，研究采用冷负荷系数法描述建筑物冷负荷，因此可得到建筑物冷负荷的简化计算式：

$$CL = \sum_{i=1}^{3} K_i F_i (t_{wl,i} - t_n) + C_{cl,C} C_z D_{J,max} F_C + \sum_{j=1}^{3} C_{cl,j} B_j Q_{cl,j} \qquad (4-7)$$

式中，K_i为外墙、屋面或外窗传热系数，$W/(m^2 \cdot K)$；F_i为外墙、屋面或外窗传热面积，m^2；$t_{wl,i}$为外墙、屋面或外窗的逐时冷负荷计算温度，℃；t_n为夏季空调室内设计温度，℃；$C_{cl,C}$为透过无遮阳标准玻璃的太阳辐射冷负荷系数；C_z外窗综合遮阳系数；$D_{J,max}$夏季透过标准玻璃窗的最大日射得热因素；F_C为窗玻璃净面积，m^2；$C_{cl,j}$为人体、照明或设备的冷负荷系数，其值可按相关设计规范选用；B_j为人体、照明或设备的修正系数，其中对于人体散热，该值为群集系数，指因人员性别、年龄构成以及密集程度等情况的不同而考虑的折减系数；$Q_{cl,j}$为人体、照明或设备的全热散热量，W。

建筑物空调的主要目的是保持室内温度在设计状态，以室外环境为基准状态，则建筑物与室外的传热可以看作是恒温冷源向外散发冷量的过程，这部分冷量包含的冷量㶲按式(4-8)计算：

$$E_{cl} = CL \left(\frac{T_w}{T_n} - 1 \right)$$

式中，T_w为室外空气温度，K。

室外空气温度在空调季存在周期性变化，而在分析空调用能时往往以完整空调季节为单位，因此，研究中室外空气温度取空调季节的平均值。

3) 照明㶲耗

这部分能耗主要受到照明功率密度、使用时间等因素的影响。照明能耗的表达式为

$$Q_z = F_z W_z \tau_z \qquad (4-9)$$

式中，F_z为建筑物照明面积，m^2；W_z为建筑物照明安装功率密度，W/m^2；τ_z为灯具开启时间，h。

对于公共建筑，建筑物的照明安装功率密度已有大量的统计研究和相应

的节能限值，照明灯具以节能灯为主，另外，公共建筑的使用时间具有一定规律，灯具开启时间可据此确定。对于住宅建筑，不同住户的照明安装功率密度呈一定的分布特点，效率主要对应灯具中的节能灯和白炽灯，使用时间与生活方式密切相关。

照明所需能量的能质水平是确定建筑物照明㶲耗的另一个关键参数。考虑到太阳光是自然界最基本，也是应用最广泛的光源，研究选取太阳光照为建筑照明的基准光源。因此，建筑物照明用能的能质需求即为太阳辐射的能质，太阳表面温度维持在 6000K 左右，因此，太阳辐射的能质系数可按恒温热源放出热量的能质系数计算[2]：

$$\lambda_r = 1 - \frac{T_0}{T_r} \tag{4-10}$$

式中，λ_r 为太阳辐射能的能质系数；T_0 为建筑照明基准环境温度，由于照明用能在一年中相对稳定，因此，环境基准温度取建筑所在区域的全年室外平均温度，K；T_r 为太阳辐射温度，取 6000K。

结合式(4-9)和式(4-10)，得到建筑物照明㶲耗的计算式：

$$E_z = F_z W_z \tau_z \frac{T_r - T_0}{T_r} \tag{4-11}$$

由式(4-11)可以看出，降低建筑照明㶲耗的主要方法是优化自然采光设计，提高自然采光利用率。

4) 生活热水㶲耗

这部分能量消耗主要是满足人们洗浴用热需求，其中，生活热水能量负荷受到热水用量、温度等因素的影响。生活热水能耗的表达式为

$$Q_{rs} = c_p m_{rs}(t_{rs} - t_0) \tag{4-12}$$

式中，m_{rs} 为热水的使用量，kg/s；t_{rs} 为生活热水温度，℃；c_p 为生活热水的比热容，kJ/(kg·℃)。

生活热水由热水系统流出，在被利用后排放到环境中。这一过程中，热水不断将热量传递到环境中，同时水温逐渐下降，最终达到环境状态，㶲量完全损失。热水包含的热量㶲按式(4-13)计算：

$$E_{rs} = \int_{T_{rs}}^{T_0} \left(1 - \frac{T_0}{T_{rs}} \right) Q_{rs} dT_{rs} \tag{4-13}$$

结合式(4-12)，得到生活热水向环境传递的㶲量为

$$E_{rs} = c_p m_{rs} \left(T_{rs} - T_0 - T_0 \ln \frac{T_{rs}}{T_0} \right) \tag{4-14}$$

式(4-14)中，热水温度需维持在稳定范围，环境温度以及热水比热容不受人为控制，可变参数只有热水质量流量，因此，降低建筑中生活热水㶲耗的方法主要是减少热水的浪费和增加热量的回收利用。

5) 炊事㶲耗

此部分包括做饭和饮用水的㶲量消耗，主要是因为做饭和饮用水输出产品的温度接近。炊事用能量受每餐用能强度及做饭频率影响，饮用水需求量和单位饮用水能耗量密切相关，其表达式为

$$Q_{cs} = q_c f_c N_c + c_p m_y (t_y - t_0) \tag{4-15}$$

式中，q_c 为人均每餐用能量，J/(餐·人)；f_c 为做饭频率，次/日；N_c 为用餐人数；m_y 为饮用水使用量，kg/s；t_y 为饮用水温度，℃。

炊事产品产出后，包含的热量最终均散发到环境中，所散发的热量包含的㶲值可按式(4-16)计算：

$$E_{cs} = q_c f_c N_c \left(\frac{T_{c,out} - T_0 - T_0 \ln T_c / T_0}{T_c - T_0} \right) + c_p m_y \left(T_y - T_0 - T_0 \ln \frac{T_y}{T_0} \right)$$

$$\tag{4-16}$$

式中，$T_{c,out}$ 为炊事产品的温度，K。

由式(4-16)可以看出，影响炊事㶲耗的参数有很多，但其中很多参数保持在固定水平，不宜调节，如炊事频率、炊事产品温度等，因此，建筑物炊事的㶲量需求难以降低。

6) 其他设备㶲耗

此部分㶲量主要用于维持建筑中动力和电子设备的正常运行，包括家电、办公电器、电梯以及通风机等设备。这些设备消耗的电能和机械能均为最高品质的能量形式，因此，建筑中其他设备的㶲量需求即为这些设备的能量需求。

建筑中家用及办公等设备的特点是：使用过程中功率基本维持不变且使用时间较为规律。这类设备的能量需求与设备功率和使用时间直接相关，能量需求表达式为

$$Q = P\tau \tag{4-17}$$

式中，P 为设备的功率，W；τ 为设备的使用时间，h。

建筑中其他设备的总㶲需求为各设备的能量需求之和：

$$E = \sum P\tau \tag{4-18}$$

住宅建筑中，设备使用时间与居民生活习惯有关，虽有个体差异，但就整个研究区域而言，该数值保持在一定范围内；公共建筑中，设备使用时间取决于建筑作息，因此该数值较为稳定。可以看出，在不影响建筑功能的前提下，设备使用时间不受调控。设备的功率与其型号以及制造工艺等因素有关，采用先进的设备与技术和制造工艺可提高设备性能，从而降低设备的㶲量需求。

4.2　建筑物㶲量需求与设备系统㶲量供应的匹配关系

实际能量传递过程中均存在㶲量损失，因此，在满足建筑物功能需求时，建筑物从设备系统获得的㶲量必然大于建筑物的基本㶲量需求。为了降低㶲量损失，应使建筑物的㶲量需求与㶲量供应达到最佳匹配。

在分析建筑物㶲量需求与㶲量供应的匹配关系时，可定义建筑物的㶲匹配效率，表达式为

$$\phi_p = \frac{E_b}{E_{out,s}} \tag{4-19}$$

式中，E_b 为建筑物某用能项目的基本㶲量需求，J；$E_{out,s}$ 为满足该用能需求时，设备系统向建筑输出的㶲量，J。

㶲匹配效率越高，表明建筑㶲量的供需匹配越有利于能源节约。然而，在建筑的实际用能过程中，受到技术水平的限制，建筑㶲匹配效率不可能无限接近 100%。研究在现有技术水平的基础上，分析了建筑物各用能项目的最佳㶲匹配效率，以此作为建筑用能供需匹配的评价基准。

根据建筑采暖基本㶲量需求和末端设备输出㶲量的计算方法，得到建筑

物采暖的㶲匹配效率计算式：

$$\phi_{p,h} = \frac{(1 - T_0 / T_n)(T_g - T_h)\eta_{sr}c_p}{(T_g - T_h)c_p - T_0 s_g + T_0 s_h} \tag{4-20}$$

式中，η_{sr} 为散热效率；T_g 为采暖热媒进入散热设备时的温度，K；T_h 为采暖热媒流出散热设备时的温度，K；s_g 为采暖热媒进入散热设备时的比熵，kJ/(kg·K)；s_h 为采暖热媒流出散热设备时的比熵，kJ/(kg·K)。

对于采暖，建筑物的基本㶲量需求是 20℃ 的热量㶲，考虑到采暖效果和系统经济性，现有低温辐射供暖的供水温度宜采用 35～45℃，供回水温差不宜大于 10℃[1]，辐射供暖设备的散热效率可接近 100%。

建筑物的空调降温，其㶲匹配效率可按式(4-21)计算：

$$\phi_{p,l} = \eta_l \frac{T_l(T_0 - T_n)}{T_n(T_0 - T_l)} \tag{4-21}$$

式中，η_l 为空调末端散冷效率，%；T_l 为空调末端供冷温度，K。目前，建筑物空调用高温冷源的温度可达到 20℃，建筑物空调温度按照节能标准取 26℃[3]。

炊事用能的㶲匹配效率表达式为

$$\phi_{p,c} = \eta_c \frac{T_{c,s}(T_c - T_0 - T_0 \ln T_c / T_0)}{(T_c - T_0)(T_{c,s} - T_0)} \tag{4-22}$$

式中，η_c 为炊具效率，%；$T_{c,s}$ 为炊事热源温度，K；T_c 为炊事操作温度，K。

炊事中存在多种类型的设备，根据炊事设备对能量品质的需求，研究将炊事用能分为两类：①蒸煮，操作温度为 100～110℃；②煎炒，操作温度约为 200℃。现有技术水平下，最接近蒸煮用能品质需求的能量形式为蒸汽，温度取 130℃，热能利用率可达到 95%。煎炒所用燃气灶的热能利用率不低于 55%[4]。

生活热水用能的㶲匹配效率可按式(4-23)计算：

$$\phi_{p,rs} = \frac{T_{rs,s}(T_{rs} - T_0 - T_0 \ln T_{rs} / T_0)}{(T_{rs} - T_0)(T_{rs,s} - T_0)} \tag{4-23}$$

式中，T_{rs} 为生活热水温度，K；$T_{rs,s}$ 为生活热水用热源温度，K。

生活热水的温度通常为 60℃，其获取方式多样，相应地存在不同类型的热源，如燃料锅炉、太阳能、工业余热以及地热能等。其中，地热属于天然热能，它随井深的不同存在一定的温度范围，低温地热水为 80～150℃[5]。由此可见，最接近生活热水能质需求的是地热能，其温度可取 80℃。

照明用能的㶲匹配效率可表达为

$$\phi_{p,z} = \eta_z \frac{T_R - T_0}{\lambda_z T_R} \quad (4-24)$$

式中，η_z 为照明设备效率，%；λ_z 为照明用能的能量品质系数。

照明需求的能量由电能提供，在现有技术水平下，最高效的照明设备为 LED 灯具，同等照明效果下，LED 灯的耗电量是白炽灯泡的八分之一，是一般荧光灯管的二分之一[6]。

建筑物中，其他电子或动力设备均从电能中获取㶲量，这些设备的㶲匹配效率为

$$\phi_{p,o} = \eta_o \lambda_{o,c} \quad (4-25)$$

式中，η_o 为电子或动力设备的能量效率；$\lambda_{o,c}$ 为设备有效输出能量的能质系数。

表 4.1 列出了常见电子或动力设备的能量效率及有效输出能量的品质系数。各设备的㶲匹配效率同样如表 4.1 所示[7,8]。

表 4.1 常见电子或动力设备的能量效率及有效输出能量的品质系数

设备	η_o /%	$\lambda_{o,c}$	$\phi_{m,o}$ /%
洗衣机	80	1	80
冰箱	90	0.09	8
电视机	80	1	80
音箱	70	1	70
电脑	80	1	80
风扇	80	1	80
通风机	80	1	80
其他办公设备	80	1	80
电梯	70	1	70

由表 4.1 可知，除冰箱以外，建筑中其他电子和动力设备的㶲匹配效率均处于较高水平，未来的节能方向主要为减少设备的外部损失，这可以通过改进设备技术和制造工艺而得到。冰箱的能量利用效率高达 90%，然而，其基本能量需求为冷藏或冷冻需要的冷量，该冷量的能质系数仅为 0.09，远低于供给冰箱运行电能的能质水平，因此，冰箱用能的㶲匹配效率很低，提高冰箱㶲效

率的根本方法是降低供给冰箱能量的品质系数，如采用天然热源进行吸收式
制冷以及利用天然冷源等。

为了进一步说明建筑物各用能项目的最佳㶲匹配效率，研究根据西安地
区的气候特征，确定了各用能项目的基准环境状态，如表 4.2 所示。

表 4.2　西安地区建筑各用能项目的基准环境参数

用能项目	T_0 /K	p_0 /kPa
采暖	275	979.1
空调	308	959.8
照明、炊事、生活热水、其他设备	287	969.5

利用建筑中各能量需求的㶲匹配效率计算式，代入相关数据，可以得到
西安地区建筑物的主要用能项目的最佳㶲匹配效率，结果如图 4.2 所示。

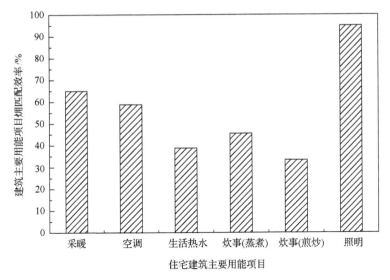

图 4.2　西安地区住宅建筑主要用能项目的最佳㶲匹配效率

由图 4.2 可以看出，照明用能的㶲匹配效率高达 95%，这说明照明用能在
能量品质方面已高度匹配，未来很难通过优化能质匹配来实现照明节能，提高
照明设备的能量利用效率将是照明节能的主要方向。对于采暖和空调用能，现
有的低温采暖和高温供冷技术均可获得较高的㶲匹配效率，因此，决定采暖和
空调用能节能与否的关键是低温热能和高温冷能获取过程的㶲效率，提高采暖
空调冷热源㶲效率主要包含两方面：设备系统的㶲效率提高和㶲成本更低的主

能源输入。生活热水和炊事用能的㶲匹配效率均不超过 50%，处于较低水平，因此，未来在技术发展的情况下，还可利用更低品质的能量满足生活热水和炊事的能量需求，从而降低不可逆㶲损失。

图 4.2 中的各项数据反映的是在现有技术水平条件下的建筑用能最佳㶲匹配效率，对于西安地区建筑中的用能项目，可以此作为能量供需匹配的评价基准。若某项建筑用能的㶲匹配效率低于图 4.2 中相应项目的值，则说明该项建筑用能的供需匹配还有待改进，反之则说明该项用能具有更先进的供需匹配关系，更有利于节能。

4.3 中国城镇住宅建筑能源利用效果分析

研究区域内，相同功能类别建筑物的㶲量消耗存在相似性，而针对单一建筑物的㶲耗分析不足以反映该建筑类别的㶲利用情况。为了全面反映相同功能类别建筑物的㶲耗特性，研究利用统计数据对建筑物中㶲量和能量利用进行了分析。

随着中国城镇化进程的加快以及居民对生活水平要求的提高，城镇住宅建筑的能源消耗正日益增多。近年来，部分城市由于夏季空调电耗的增多陷入了电力短缺困境，而冬季采暖消耗大量化石燃料，造成严重的环境污染。尽管目前已采用一系列建筑节能措施，但中国城镇住宅建筑的能源消耗仍不断增多。

为了查明建筑中的能源不合理利用以减少能源消耗，研究对中国城镇住宅建筑的能源输入以及各用能项目的㶲量和能量利用效率进行了全面分析。该分析主要包含三方面内容：首先，通过追踪各用能项目的㶲流动情况确定㶲损失的位置和原因；其次，对比分析能量和㶲量利用效率来判断各用能项目的节能潜力；最后，探索中国城镇建筑的可持续用能策略和低㶲耗的能量利用方案。

4.3.1 建筑用能㶲分析方法与数据来源

根据能量用途，中国城镇住宅建筑的能量消耗主要分为以下几部分：采暖、空调、炊事、生活热水、照明和其他电器设备。其中，采暖和空调用能的平均能量效率可根据清华大学"中国建筑能耗模型"的研究结果获得；生活热水和炊事设备的能量效率按国家相关能效标准值确定。各用能项目的㶲利用效率可由能量效率等参数计算：

$$\phi = \frac{\eta}{\lambda}\left(1 - \frac{T_0}{T_p}\right) \tag{4-26}$$

式中，η 为用能项目的能量效率；λ 为满足用能项目能量的能质系数。

对于部分能量利用，其产品不受温度影响，如洗衣机、电视等，这类能量利用的㶲效率等于其能量效率。

为了对中国城镇住宅建筑的能源利用进行全面的评判，研究首先分析了不同形式能量的利用效率，并以各种形式的能量占建筑总能耗的比例为权重系数计算城镇住宅建筑部分的总能量效率和总㶲效率。研究考虑的能量形式分为电能和化石能源，因为其他形式能量（如可再生能源）的利用比例很低。其中，住宅建筑中电能利用的总能量效率和总㶲效率分别如式(4-27)和式(4-28)所示。建筑中化石燃料利用的总能量效率和总㶲效率可按类似方法定义：

$$\eta_e = \eta_{e,1} WF_{e,1} + \eta_{e,2} WF_{e,2} + \cdots + \eta_{e,n} WF_{e,n} \tag{4-27}$$

$$\phi_e = \phi_{e,1} WF_{e,1} + \phi_{e,2} WF_{e,2} + \cdots + \phi_{e,n} WF_{e,n} \tag{4-28}$$

式中，η_e 为建筑中电能利用的总能量效率；ϕ_e 为建筑中电能利用的总㶲效率；$\eta_{e,n}$ 为住宅建筑中第 n 项电能利用的能量效率；$\phi_{e,n}$ 为住宅建筑中第 n 项电能利用的㶲效率；$WF_{e,n}$ 为第 n 项电能利用的用电量占建筑总电耗的比例。

根据电能和化石燃料的利用效率，中国城镇住宅建筑部分的能量和㶲量利用效率分别按式(4-29)和式(4-30)计算：

$$\eta_o = \eta_e WF_e + \eta_f WF_f \tag{4-29}$$

$$\phi_o = \phi_e WF_e + \phi_f WF_f \tag{4-30}$$

式中，WF_e 为建筑中电能消耗占建筑总能量消耗的比例；WF_f 为建筑中化石燃料的能量消耗占建筑总能量消耗的比例。

住宅建筑中存在多项用能，在㶲分析时需要明确各项用能的能量和㶲量消耗。目前，我国已有住宅建筑分项能耗研究的文献资料[9,10]，这为本研究提供了数据基础。对于其中部分无法获取的分项能耗数据，如电冰箱、电脑等电器设备的分项电耗，研究采用了 Saidur 关于马来西亚住宅建筑㶲分析的数据统计方法[7]。

研究区域内，城镇住宅建筑中某种用电设备的总电耗按式(4-31)计算：

$$E_e = N_d P \tau \tag{4-31}$$

$$N_d = n_d P_u / P_h \tag{4-32}$$

式中，N_d 为某种用电设备的总数量；n_d 为某种设备的户均保有量；P_u 为城镇总人口数；P_h 为城镇户均人口数。

将相关统计数据代入式(4-32)，得到中国城镇住宅建筑中主要用电设备的总数量，结果如表 4.3 所示。

表 4.3 中国城镇住宅建筑中各家用电器逐年总保有量 （单位：万台）

年份	洗衣机	电冰箱	电视机	音响	电脑	微波炉	风扇	电饭锅	厨房通风机
2002	15294	15506	20806	4142	3396	5089	30061	15804	9993
2003	16428	16652	22708	4679	4839	6953	31600	17609	11067
2004	17469	17647	24380	5135	6031	7596	32716	19382	11950
2005	18138	17228	25599	5467	7885	9041	32698	20358	12900
2006	18994	18009	26975	5702	9264	9934	33795	21041	13696
2007	19814	19458	28213	6184	11010	10932	35255	21950	14288
2008	19800	19587	27800	5738	12397	11416	36019	22426	14598
2009	20659	20517	29189	6070	14146	12304	37049	23067	15015
2010	22460	22388	31847	6507	16490	13672	39900	24842	16171
2011	23359	23403	32530	5769	19708	14598	41443	25802	16796

各家用电器的平均功率以及平均年使用时间可根据相关研究资料获得，结果列入表 4.4 中。

表 4.4 中国城镇住宅建筑中各家用电器平均功率及使用时间[11]

用电设备	功率/W	使用时间/h
洗衣机	300	60
电冰箱	90	3250
电视	80	1050
音响	20	100
电脑	100	1050
微波炉	750	150
风扇	50	360
电饭锅	650	150
厨房通风机	80	720

4.3.2　中国城镇住宅建筑能源利用效率分析

1) 化石燃料利用效率

为了全面反映中国住宅建筑部分的能量和㶲量利用效率及发展趋势，研究结合近十年的统计数据，针对中国住宅建筑中化石能源和电能的利用分别进行了㶲分析，并指明了㶲损失的位置、大小和原因。

化石能源在中国住宅建筑中的主要用途包括供暖、炊事和加热生活热水。根据统计和计算结果，中国住宅建筑中的化石能源分项消耗比例如表 4.5 所示。

表 4.5　中国城镇住宅建筑部分化石能源分项消耗比例　　　（单位：%）

用能项目	年份									
	2002	2003	2004	2005	2006	2007	2008	2009	2010	2011
热电联产供暖	13.3	14.6	15.6	16.2	17.4	18.4	19.4	19.4	19.5	19.6
燃煤锅炉供暖	29.4	31.4	33.3	35.7	37.2	39.9	41.7	41.7	42.0	42.1
燃气锅炉供暖	2.2	2.3	2.5	2.6	2.8	3.4	3.8	3.8	3.8	3.8
户式燃煤炉	26.2	23.4	20.1	16.4	13.5	9.5	6.6	6.5	6.6	6.6
户式燃气炉	0.4	0.4	0.4	0.4	0.6	0.7	0.7	0.7	0.7	0.7
炊事	23.6	22.8	22.6	23.1	22.7	22.2	21.9	21.8	21.2	20.9
生活热水	4.9	5.1	5.4	5.6	5.8	5.9	5.9	6.0	6.1	6.3

其中，化石能源用于供暖时，由于热源规模和形式差异而存在多种供暖方式。各供暖方式消耗的化石能源量按"中国建筑能耗模型"给出了计算方法：

$$Q_i = \frac{h}{\eta_i} \beta_i A_i \qquad (4\text{-}33)$$

式中，h 为城镇住宅建筑的平均采暖负荷，W/m^2；η_i 为热源的能量利用效率；A_i 为某种采暖方式的采暖面积，m^2；β_i 为考虑系统和管网损失的附加系数；下标 i 代表采暖方式种类。

根据相关文献资料，可确定各采暖方式的平均能量利用效率，如表 4.6 所示，再结合采暖系统运行参数，可得到各采暖方式的㶲利用效率。

表 4.6　各采暖方式下化石能源的能量及㶲量利用效率　（单位：%）

采暖方式	η	ϕ
热电联产供暖	75	11.5
燃煤锅炉供暖	62	4.3
燃气锅炉供暖	80	5.9
户式燃煤炉	45	3.1
户式燃气炉	95	6.55

利用表 4.5 和表 4.6 中的数据进行加权计算,得到中国城镇住宅建筑部分化石能源用于供暖的能量和㶲量利用效率年变化情况,结果如图 4.3 所示。

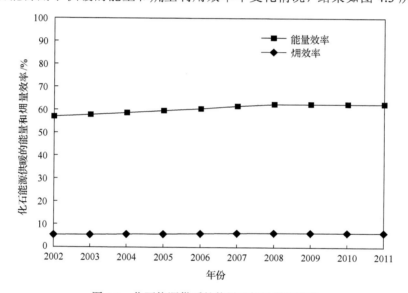

图 4.3　化石能源供暖的能量和㶲量利用效率

由图 4.3 可以看出,中国城镇住宅建筑中,化石能源供暖的能量和㶲量利用效率近年来均缓慢上升,这一结果的主要原因是低效率的户式燃煤炉逐渐被淘汰,且热电联产近年来得到了较快发展。然而,化石燃料采暖的㶲利用效率远低于能量利用效率,主要原因是化石燃料与采暖能量需求间存在巨大的能源品质差异,化石能源用于供暖时,难以避免大量的能质浪费。

炊事消耗的化石能源主要为天然气和液化石油气,用能设备为燃气灶。在现有的技术水平下,燃气灶的平均能量利用效率约为 65%[7],环境温度为 293K,产品温度分两类,蒸煮类炊事产品温度为 378K,煎炒类炊事产品温度为 473K。

将以上数据代入式(4-26)，算得蒸煮和煎炒时燃料的㶲利用效率分别为15.5%和26%。

住宅建筑中生活热水消耗的化石燃料主要为燃气，该燃料在家用热水器中的能量利用效率的平均值取80%，生活热水温度及环境温度分别为333K和293K，利用式(4-26)，得到生活热水生产过程中化石燃料的㶲利用效率为9.6%。

结合表4.5中化石能源分项消耗比例和各用能项目的利用效率，得到中国城镇住宅建筑部分化石燃料的总能量和总㶲量利用效率，结果如图4.4所示。

可以看出，总能量效率在2002～2011年间提高了约4个百分点，上升至64.2%，总㶲效率则由8%提高到了8.5%，上升幅度较小，㶲效率远低于能量利用效率，主要原因是住宅建筑中燃料消耗均为满足低品质的热量需求，能源供需匹配及化石燃料梯级利用将有助于住宅建筑部分燃料㶲利用效率的改善。另外，在城镇住宅建筑部分的总化石能源消耗中，采暖消耗的化石能源占到70%以上，并且化石燃料采暖的㶲效率处于很低的水平(6%左右)，因此，采暖是住宅建筑中化石能源损失的最主要部分，建筑采暖具有很大的节能潜力，进一步减少低效燃煤炉及利用可再生能源供暖均有利于住宅建筑采暖㶲效率的提高。

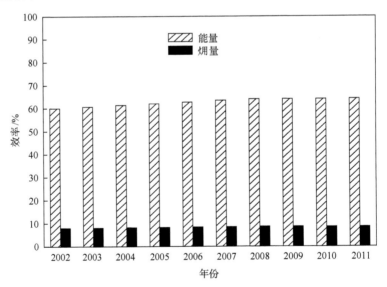

图4.4　中国城镇住宅建筑部分化石燃料的总能量和总㶲量利用效率

2) 电能利用效率

电能在住宅建筑中的用途包含照明、空调、电采暖、炊事、生活热水和其他家用电器。根据统计数据及式(4-31)所示的计算方法，可以得到2002～2011年间中国城镇住宅建筑中主要用电设备的分项电耗，结果如表4.7所示。

表 4.7 2002～2011 年中国城镇住宅建筑中主要用电设备的分项电能消耗

(单位: PJ)

用电设备	年份									
	2002	2003	2004	2005	2006	2007	2008	2009	2010	2011
电热采暖	59.5	68.8	80.5	94.6	106.7	124.5	133.9	143.7	152.9	161.9
热泵	27.7	31.5	36.4	41.4	47.3	55.4	59.8	64.3	68.3	72.3
电饭锅	55.5	61.8	68.0	71.5	73.9	77.0	78.7	81.0	87.2	90.6
微波炉	20.6	28.2	30.8	36.6	40.2	44.3	46.2	49.8	55.4	59.1
电热水器	57.2	63.7	70.3	78.4	84.2	88.1	92.0	104.0	111.0	119.0
白炽灯	174.8	174.8	174.8	191.6	194.6	198.3	198.8	209.3	212.8	209.6
日光灯	21.1	27.9	35.8	44.2	52.7	60.6	71.5	89.1	103.3	122.3
空调器	43.2	54.0	66.2	83.5	96.1	109.1	123.1	146.9	167.0	187.2
洗衣机	9.9	10.6	11.3	11.8	12.3	12.8	12.8	13.4	14.6	15.1
冰箱	163.3	175.3	185.8	181.4	189.6	204.9	206.3	216.0	235.7	246.4
电视	62.9	68.7	73.7	77.4	81.6	85.3	84.1	88.3	96.3	98.4
音响	0.3	0.0	0.4	0.4	0.4	0.4	0.4	0.4	0.5	0.4
电脑	12.8	18.3	22.8	29.8	35.0	41.6	46.9	53.5	62.3	74.5
风扇	19.5	20.5	21.2	21.2	21.9	22.8	23.3	24.0	25.9	26.9
厨房通风机	20.7	23.0	24.8	26.8	28.4	29.6	30.3	31.1	33.5	34.8

其中，电热采暖和热泵用电均属于供暖用电，这两种采暖方式的电能利用能效系数分别达到98%和300%，从能量角度分析，电能采暖的能量利用率已处于很高的水平。然而，建筑供暖只需要低品质的热能(约20℃)，电能和采暖热能间巨大的能质差异决定了电能㶲量的低效利用。将相关数据代入式(4-26)～式(4-28)，可得电能采暖的平均㶲效率，计算结果如表4.8所示。可以看出，电能供暖的能量和㶲量利用效率均出现了略微降低的情况，这主要是因为效率相对较低的电热供暖近年来的用电比例有所增长。

炊事用电约占住宅建筑总电耗的10%，主要炊事设备为电饭锅和微波炉。根据相关研究结果，电饭锅和微波炉的平均能量利用效率分别为80%和70%[8,12]，电炊事产品温度与环境温度分别为378K和293K。利用式(4-26)，可得到电饭锅与微波炉的㶲利用效率分别为 17.2%和 15%。

表 4.8　2002～2011 年中国城镇住宅部分电能分项利用效率　　（单位：%）

用能效率		年份									
		2002	2003	2004	2005	2006	2007	2008	2009	2010	2011
能量效率	采暖	162.1	161.4	160.9	159.5	160.1	160.2	160.4	160.4	160.4	160.4
	炊事	77.29	76.87	76.89	76.61	76.47	76.35	76.30	76.19	76.12	76.05
	生活热水	90	90	90	90	90	90	90	90	90	90
	照明	6.62	7.06	7.55	7.81	8.20	8.51	8.97	9.48	9.90	10.53
	空调	200	200	200	200	200	200	200	200	200	200
	其他电器	68.71	68.92	69.06	69.58	69.72	69.68	69.78	69.86	69.93	70.07
㶲效率	采暖	11.56	11.50	11.46	11.35	11.40	11.41	11.42	11.43	11.43	11.42
	炊事	31.50	33.73	33.64	35.09	35.82	36.47	36.74	37.32	37.71	38.05
	生活热水	10.80	10.80	10.80	10.80	10.80	10.80	10.80	10.80	10.80	10.80
	照明	6.01	6.43	6.88	7.13	7.48	7.78	8.20	8.68	9.07	9.66
	空调	6.02	6.02	6.02	6.02	6.02	6.02	6.02	6.02	6.02	6.02
	其他电器	39.09	39.82	40.37	42.27	42.76	42.63	42.98	43.29	43.53	44.01

　　根据表 4.7 中的数据，中国城镇住宅部分电热水器的耗电量约占总耗电量的 7%～8%，而电热水器的能量利用效率高达 90%，将有关数据代入式（4-26），得到电热水器的㶲效率为 10.8%。

　　照明用电设备分为白炽灯和日光灯，这两种照明设备的平均电能利用效率分别为 5%和 20%[13,14]，建筑照明的㶲匹配效率为 95%，据此算得白炽灯和日光灯照明的㶲利用效率分别为 4.8%和 19%。随着照明节能标准的实施和节能照明设备产业的发展，白炽灯的使用比例已由 1998 年的 80%降至 2011 年的 30%。研究分析了 2002～2011 年间中国城镇住宅部分照明的用电情况，电能消耗情况如表 4.7 所示，根据照明分项电耗及各类照明设备的使用效率，可算得住宅建筑照明用能的总能量和㶲量利用效率，结果如表 4.8 所示。

　　家用空调器的平均能效系数约为 200%。空调的室内设计温度按照节能标准限值确定为 299K，室外环境温度取 308K，可得到中国城镇住宅建筑空调用能的总㶲效率约为 6%。

　　其他家用电器的能量和㶲量利用效率如表 4.1 所示，结合表 4.7 中各设备的耗电量，可得到其他家用电器的平均用能效率。根据 2002～2011 年间的数据可知，总能量利用效率由 73.4%上升至 88.6%，总㶲效率仅提高了 0.9 个百分点，在 2011 年达到 23.3%。

中国城镇住宅建筑电能的总利用效率可根据各分项用电及相应的效率获得，结果如图 4.5 所示。以电能总能量效率为比较基准可以发现，空调、采暖和生活热水用电均有利于总能量效率的提高，炊事、照明和其他家电的能量利用效率均低于电能总能量效率。㶲分析呈现完全不同的结果：尽管空调的能量利用效率在住宅建筑各用电项目中最高，但其㶲效率却最低；电能采暖和生活热水用电均不利于电能总㶲效率的提高；由于节能照明设备的推广，照明用电的能量及㶲量利用效率近年来均有所提高，但仍是建筑中电能损耗的重点部位；住宅建筑中㶲量利用效率最高的是其他家电设备，其次为炊事设备。根据以上结果发现，住宅建筑中电能利用效率的改善方法主要包含以下三个方面：①降低建筑物空调负荷并改进制冷技术；②减少直接电热供暖；③推广低能耗的照明设备。

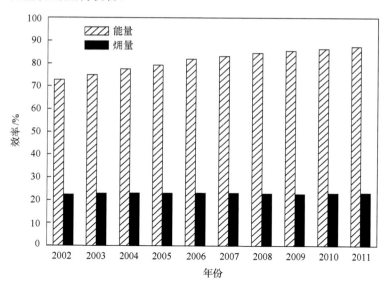

图 4.5　中国城镇住宅建筑部分电能的总能量和总㶲量利用效率

3) 中国城镇住宅建筑总能源利用效率

总能源利用效率可通过权重系数方法计算。图 4.6 显示了中国城镇住宅建筑部分 2002～2011 年间总电能和化石燃料能源的逐年消耗量，利用式(4-29)和式(4-30)，可分别得到能源的总能量和㶲量利用效率，结果如图 4.7 所示。

由图 4.7 看出，中国城镇住宅部分的总能量和总㶲量利用效率在 2002～2011 年间均有所提高。其中，能量利用效率由 62.7%提高至 70.3%，而㶲效率仅提高 1.2 个百分点，上升到 2011 年的 12.2%。能量效率和㶲量效率之间的差值高达 58%，这意味着建筑中存在大量的㶲损失。

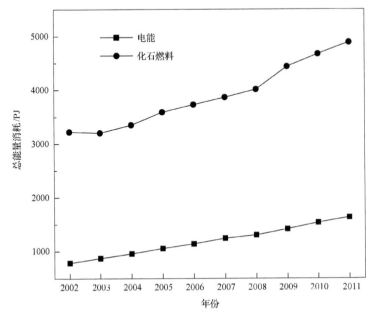

图 4.6　中国城镇住宅建筑部分总电能和总化石燃料能源的逐年消耗量

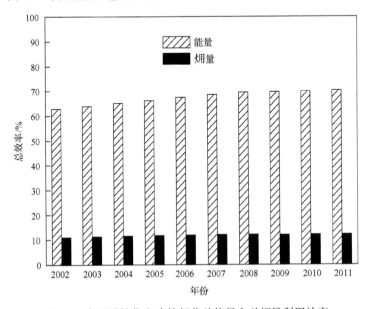

图 4.7　中国城镇住宅建筑部分总能量和总㶲量利用效率

图 4.8 展示了中国城镇住宅建筑部分 2011 年的㶲量收益和㶲量损失分布情况。可以看出，㶲损失主要发生在化石燃料的消耗过程中。进一步的分析发现，燃煤锅炉采暖对住宅建筑部分总㶲损失的贡献率约为 35%，燃气灶、热电联产供暖、户式燃煤炉采暖和燃气热水器的分项㶲损耗分别占到总㶲损耗的 15.3%、15%、5.5%和 4.9%，化石燃料㶲损失的主要原因是供应能量和需求能量间品质的不匹配。住宅建筑中电能消耗产生的㶲损失约占建筑总㶲损失的 21%，电冰箱、空调、白炽灯和电热采暖为电能㶲损耗的主要部位。

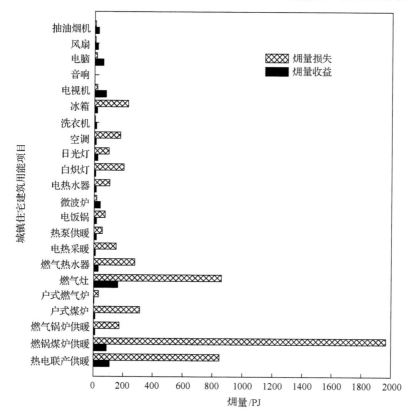

图 4.8 中国城镇住宅建筑部分 2011 年㶲量损失和㶲量收益分布

图 4.9 和图 4.10 展示了化石燃料利用时能量和㶲量损失的变化趋势及详细分布情况，可以看出，中国城镇住宅部分的总能量和㶲量损失均有明显上升，这是由化石燃料的总消耗量的增加引起的，其中，利用化石燃料采暖造成的㶲量损失超过住宅建筑部分总㶲损失的 70%，具有很大的节能潜力。

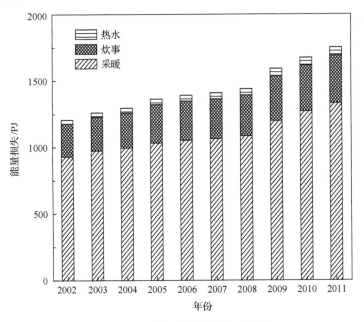

图 4.9 化石能源能量损失变化趋势

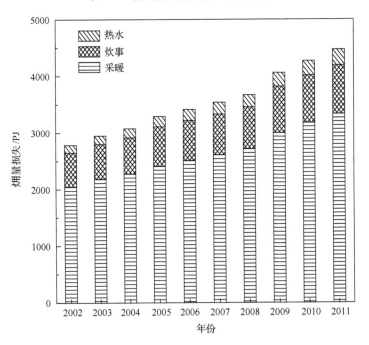

图 4.10 化石能源㶲量损失变化趋势

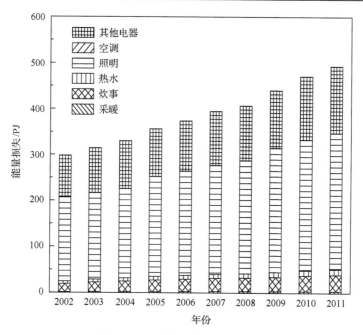

图 4.11 电能能量损失变化趋势

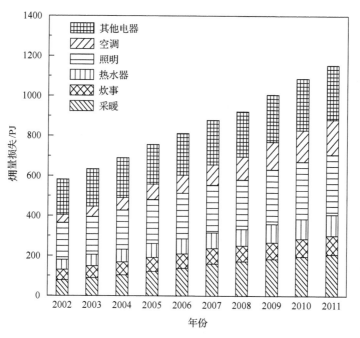

图 4.12 电能㶲量损失变化趋势

图 4.11 和图 4.12 则展示了电能利用过程中能量和㶲量损失的变化趋势及详细分布情况，由图 4.12 可以看出，照明用电的㶲损耗占电能总㶲损耗的比例最大，空调和采暖用电的㶲损耗不仅占有较大比例，且保持较高的增长速率，因此，空调和采暖用电并不像其能量利用效率那样高效，住宅建筑中电能㶲损失的改善应以照明、空调和采暖用电为主。

4.3.3　中国城镇住宅建筑㶲耗特性

研究分析了中国城镇住宅建筑部分 2002～2011 年间能量和㶲量利用特性，根据研究结果得到以下结论。

中国城镇住宅建筑部分存在很大的节能潜力，因为该部分的㶲量利用效率远低于其能量利用效率。具体来说，2002～2011 年间，中国城镇住宅部分的总能量利用效率在 62.8%～70.2% 之间变化，而㶲利用效率仅为 11%～12.2%。

近十年来，针对中国城镇住宅建筑部分的节能策略及措施对于㶲量利用效率的改善效果很小。在能源规划之初，优化能量的供需匹配和加强能源的梯级利用将有助于㶲量利用效率的提高。

通过㶲损分析，查明了㶲损失的主要部位及大小，㶲损失主要发生在化石燃料的消耗过程中。其中，燃煤锅炉供暖的㶲损失占总㶲损失的比例约为 35%，燃气灶、热电联产供暖、户式燃煤炉采暖和燃气热水器的分项㶲损耗分别占到总㶲损耗的 15.3%、15%、5.5% 和 4.9%。

对于电能利用，㶲效率最低的是空调，其次是照明和电热水器。设备性能的改善将有利于电能㶲效率的提高。

总的来说，住宅建筑部分的低㶲效表明能源利用存在不合理之处。未来的节能策略应重点关注㶲效率的提高，这一目标的实现需要多方面的协作，如可持续能源政策、能量利用优化匹配以及设备性能的提高等。

4.4　中国典型气候区公共建筑能源利用效果分析

过去十年间，中国公共建筑部分的能源消耗速度增长了一倍，这使得能源供应压力与环境污染不断加剧。尽管公共建筑部分已实施了一系列节能策略，但能源消耗量仍保持较高的增长速度。

研究根据公共建筑中各分项用能的能量和㶲量流动情况，分析了中国公共建筑部分的能量和㶲量消耗特性，旨在查明公共建筑中能源低效利用的位置和原因，通过对比量和㶲量利用效率，明确能源节约潜力，为公共建筑可持续用能政策和适应性节能策略的制定提供基础。

考虑到中国南北地区明显的气候差异，研究分别选择北京和上海作为北方和南方的代表城市，以此为基础分析南北气候条件下中国公共建筑部分的能量和㶲量消耗特性。另外，为了反映公共建筑部分的用能发展趋势，研究整理了 2003～2012 年间公共建筑的能耗情况，并以此为数据基础。

4.4.1 方法和数据来源

公共建筑中的能量利用项目主要包含以下几部分：空调、照明、采暖、炊事、生活热水和其他设备。其中，空调和采暖的能量利用效率可按中国建筑能耗模型中的数据确定[10,15]；炊事和生活热水的能量利用效率按所使用设备的能效限值确定。各分项用能的㶲利用效率可根据式 (4-26) 并结合相应的能量效率及温度等参数算得。

公共建筑中，各用能项目消耗的能源种类主要分为电能和化石能源，因此，研究对这两类能源分别进行了分析。式 (4-34) 和式 (4-35) 分别展示了电能的能量和㶲量利用效率的计算方法，同理，化石燃料的利用效率可按类似方法计算：

$$\eta_e = \sum_{i=1}^{n} \eta_{e,i} \mathrm{WF}_{e,i} \tag{4-34}$$

$$\phi_e = \sum_{i=1}^{n} \phi_{e,i} \mathrm{WF}_{e,i} \tag{4-35}$$

式中，η_e 为公共建筑中电能的能量利用效率，%；ϕ_e 为公共建筑中电能的㶲量利用效率，%；$\eta_{e,i}$ 为第 i 项用电的能量效率，%；$\mathrm{WF}_{e,i}$ 为第 i 项用电的电耗比例，%；$\phi_{e,i}$ 为第 i 项用电的能量效率，%。

公共建筑中电能的分项消耗数据通常可按式 (4-36) 计算：

$$E_{i,j} = q_{i,j} S_j \tag{4-36}$$

式中，$q_{i,j}$ 为第 j 类公用建筑中第 i 项用电的电耗强度，$(\mathrm{kW \cdot h})/(\mathrm{m^2 \cdot a})$；$S_j$ 为研究区域内第 j 类公用建筑的总面积，$\mathrm{m^2}$。

对于夏热冬冷地区的公共建筑，热泵是最主要的采暖设备，该分项电耗可通过式 (4-37) 算得：

$$E_h = h\varpi A / \eta \tag{4-37}$$

式中，E_h 为热泵供暖的总电耗，$kW \cdot h$；h 为公共建筑平均热负荷，W/m^2；ϖ 为公共建筑中的有效供热面积比例，%；A 为研究区域内公共建筑总面积，m^2；η 为热泵的性能系数，对于上海地区该值取为 3。

公共建筑其他分项用电的电耗强度可根据《中国建筑节能发展研究报告》等相关文献获得，结果如表 4.9 所示。

表 4.9　2003～2012 年北京地区和上海地区公共建筑分项用电的电耗强度

（单位：$PJ/m^2 \cdot a$）

年份	北京				上海				
	空调	照明	办公电器	通用设备	空调	照明	办公电器	通用设备	热泵
2003	5.95	2.28	3.01	1.07	7.53	2.89	4.21	1.08	5.27
2004	6.43	2.43	3.22	1.13	8.82	3.37	4.94	1.24	6.12
2005	6.90	2.59	3.43	1.21	9.73	3.70	5.46	1.34	6.66
2006	7.60	2.84	3.76	1.31	10.86	4.13	6.12	1.46	7.31
2007	8 25	3.06	4.05	1.41	11.50	4.38	6.47	1.54	7.72
2008	8.94	3.31	4.37	1.52	12.37	4.70	6.95	1.64	8.27
2009	9.62	3.55	4.69	1.63	14.03	5.33	7.89	1.83	9.25
2010	10.22	3.75	4.97	1.71	15.32	5.82	8.59	1.99	10.05
2011	10.81	3.97	5.24	1.81	15.82	6.00	8.83	2.05	10.33
2012	11.40	4.17	5.52	1.90	15.39	5.83	8.64	1.93	9.97

研究涉及的化石燃料消耗包含建筑中炊事、生活热水用燃气及北方公共建筑采暖消耗的燃料。其中，宾馆和餐饮类建筑的总燃气消耗量可由能源统计年鉴数据获得，然而各分项用能的燃气消耗量无法查得。目前，已有关于宾馆和餐饮类公共建筑分项燃气消耗强度的研究[16]，为此，研究根据现有资料确定了分项燃气消耗的计算方法：

$$V_g = q_g N \tag{4-38}$$

式中，V_g 为公共建筑分项用能燃气消耗量，m^3；q_g 为宾馆或餐饮建筑的燃气消耗强度，它代表平均每个床位或座位的日燃气消耗量，$m^3/(s \cdot d)$；N 为研究区域内宾馆建筑或餐饮建筑的总床位数或总座位数，该数据可由研究区域的统计资料查得。

北方地区集中供暖供应的建筑类别具有多样性，且目前为止尚无针对各

建筑类别采暖用能的分项统计研究。为此，研究根据公共建筑的面积比例估算其采暖耗能，计算式为

$$Q_{h,p} = Q_h S_h / S_{h,p} \tag{4-39}$$

式中，$Q_{h,p}$ 为研究区域内公共建筑采暖的燃料消耗，J；Q_h 为研究区域采暖总燃料能耗，J；S_h 为研究区域内建筑采暖总面积，m^2；$S_{h,p}$ 为研究区域内公共建筑采暖总面积，m^2。

式(4-39)中需要的计算参数均可通过公开的统计资料获得。结合公共建筑中燃气分项消耗计算结果，可以得到北京和上海地区公共建筑分项燃料消耗情况，如表 4.10 所示。

表 4.10 2003～2012 年北京和上海地区公共建筑部分化石燃料分项消耗情况

(单位：PJ)

年份	北京			上海	
	采暖	炊事	热水	炊事	热水
2003	36.05	4.48	0.36	2.38	0.69
2004	37.37	5.22	0.40	2.30	0.82
2005	36.53	5.97	0.48	3.26	0.78
2006	38.02	6.72	0.49	5.81	0.70
2007	42.39	7.47	0.51	4.99	0.68
2008	42.95	8.22	0.48	6.13	0.60
2009	43.34	8.96	0.55	7.83	0.53
2010	46.55	9.70	0.64	7.55	0.72
2011	42.39	10.44	0.63	8.90	0.60
2012	43.87	11.19	0.66	9.53	0.60

公共建筑部分的总能量和总㶲利用效率可通过电能和化石燃料的利用效率进行加权计算，权重系数为各能源种类的消耗量占总能源消耗量的比例。

4.4.2 公用建筑能源利用效率分析

1）电能利用效率

在中国公共建筑部分，电能主要用于空调、照明和其他通用设备（电子和动力设备）。这几类设备的电能利用效果及效率都存在差异，因此，研究分别讨论各分项用电的㶲效率。

空调系统在公共建筑中主要分为三类：分体式空调系统，风机盘管加新

风系统和全空气系统。清华大学建筑节能研究中心针对中国公用建筑中不同类型空调系统的性能进行了研究,各空调系统的平均能效系数如表 4.11 所示。

表 4.11　公共建筑中主要空调系统形式的能效系数

空调系统形式	EER/%
分体空调	270.00
风机盘管+新风	263.00
全空气	170.00

根据式(4-34)和式(4-35),得到公共建筑空调用能的总能效系数和㶲利用效率,结果如表 4.12 所示。

表 4.12　北京和上海地区公共建筑部分空调用能的总能效系数和㶲利用效率

(单位: %)

年份	北京		上海	
	EER	ϕ_{air}	EER	ϕ_{air}
2003	234.86	3.94	217.08	4.37
2004	225.96	3.79	214.90	4.33
2005	220.78	3.70	213.77	4.30
2006	233.64	3.92	212.34	4.28
2007	233.79	3.92	212.49	4.28
2008	233.96	3.93	212.45	4.28
2009	234.19	3.93	211.82	4.26
2010	233.68	3.92	211.44	4.26
2011	233.55	3.92	211.56	4.26
2012	233.52	3.92	211.03	4.25

由表 4.12 可以看出,空调用电的能效系数和㶲利用效率近年来均出现微弱降低,这主要是因为效率较低的全空气空调系统的使用比例有所增长。北京地区公共建筑的空调能效系数略高于上海,而㶲效率则呈现相反结果,通过分析发现,其原因主要是上海地区环境状态温度高于北京,在冷量输入相同时,上海地区的空调建筑收益的㶲量更多。从㶲量利用程度看,公共建筑中空调用电的㶲效率仍处于很低的水平,这说明空调用能中存在巨大的节能潜力。

冬季,空调系统处于制热工况,成为热泵系统。根据中国建筑能耗模型中的相关数据,上海地区热泵系统的平均性能系数取为 3[10]。利用式(4-26)算得热泵系统的平均㶲效率约为 17%。可见,热泵系统的能量利用效率虽然很高,但㶲量的有效利用程度却仍很低，主要原因是电能和采暖所需热能间存在巨大的能量品质差异。

公共建筑的各用电项目中，照明用电约占总电耗的 20%。2004 年，国家住房与城乡建设部公布实施了《建筑照明设计标准》，该标准限制了公共建筑中白炽灯的使用，因此，公共建筑中照明用能的能量效率和㶲效率按日光灯计算，分别为 20%和 19%[17]。

其他通用设备根据电能转换方式分为两类：办公电器和动力设备。具体来说，办公电器主要为各种办公电子设备，动力设备则包含风机、水泵和电梯等设备。根据文献[12]和文献[16]，办公电子设备的平均能量利用效率可取 80%；动力设备的核心部件为电动机，考虑机械传动效率，该类设备的平均电能利用效率约为 70%[18]。由于办公电子设备需要的电磁能和动力设备需要的机械能理论上均可 100%转换为功，因此，公共建筑中其他通用设备的㶲效率等于其能量效率。利用式(4-34)和式(4-35)及表 4.9 中的分项电耗数据，得到空调、照明以外的公共建筑中其他通用设备的㶲量利用效率，结果发现，其他通用设备的㶲利用效率在 2003～2012 年间维持在 75%以上，这说明电能在通用设备中已处于很高的利用水平，未来只能通过减少设备使用量、降低设备功率等措施实现通用设备的节能。

对于建筑中电能的整体利用效果，研究通过权重算法分别计算电能利用的总能量效率和㶲效率，权重系数为各分项电耗占总电耗的比例，结果如表 4.13 所示。

表 4.13 2003～2012 年北京地区和上海地区公共建筑部分电能利用总效率

（单位：%）

年份	北京		上海	
	η_e	ϕ_e	η_e	ϕ_e
2003	142.88	30.95	234.60	22.27
2004	139.12	30.74	233.11	22.27
2005	136.87	30.59	231.47	22.33
2006	143.46	30.61	229.27	22.41
2007	143.81	30.52	229.12	22.40
2008	144.08	30.46	228.85	22.39
2009	144.34	30.41	227.45	22.42
2010	144.30	30.35	226.93	22.42
2011	144.31	30.32	226.74	22.40
2012	144.38	30.29	225.91	22.43

　　由表4.13可以看出，北京公共建筑的平均电能利用效率系数低于上海地区公共建筑的电能利用效率系数。这主要是由于上海公共建筑冬季有热泵供暖，其性能系数高达3，且热泵电耗占到总电耗的25%左右，因此，热泵用电提高了公共建筑的整体用电效率。另外，上海地区公共建筑总电能利用效率系数在2003～2012年间出现小幅下降，主要原因是商业建筑面积比例的增加使得性能系数较低的全空气空调系统的占有率增多。

　　电能利用的总㶲效率：北京公共建筑中电能利用㶲效率在2003～2012年间降低了0.6个百分点，达到30.3%；上海地区公共建筑用电㶲效率则略微上升，由22.3%增至22.4%。北京公共建筑电能利用效率高于上海，这是因为上海地区热泵供暖的㶲效率约为17%，拉低了电能利用总㶲效率。总的来看，电能利用的㶲效率远低于其能量利用效率，这主要是由于空调用电的平均能效系数超过2但㶲利用效率却不超过5%，另外，照明用电的㶲效率只有19%，这也是电能总㶲利用效率低的重要因素。进一步改善公共建筑中电能利用效率的主要措施包括：降低建筑物空调负荷、改进制冷技术以及发展低能耗照明方法。

　　2) 燃料利用效率

　　公共建筑中燃料的消耗主要包含三方面：生活热水、炊事以及中国北方地区公共建筑采暖。

　　研究所指的生活热水为洗浴用水，主要发生在宾馆建筑中。燃气在锅炉设备中燃烧向生活热水提供热量，燃气的平均能量利用效率约为80%，热水温度和环境温度分别为333K和293K，燃气的能量品质系数为0.94。利用式(4-26)，可以得到燃气加热生活热水的㶲利用效率为9.6%。

　　餐饮建筑中，燃料通过燃气灶具为炊事活动提供能量。根据相关研究资料，燃气灶具的平均能量利用效率取65%[13]，炊事产品和环境温度分别为378K和293K。利用式(4-26)，算得炊事活动中燃气的㶲利用效率为15.5%。

　　中国北方公共建筑采暖也会造成大量的化石能源消耗。根据统计数据，北京地区集中供热的能源消耗结构和总产热量如表4.14所示，利用式(4-34)算得产热效率。采暖期室外平均空气温度为268.4K，建筑物室内温度约293K，北京公共建筑集中供暖的㶲效率可由式(4-35)计算得到，结果如图4.13所示。

表 4.14 2003~2012 年北京地区集中供热的能源消耗结构和总产热量

(单位：PJ)

年份	煤	煤气	燃油	石油气	其他石油产品	天然气	其他能源	产热量
2003	1956.27	39.38	109.19	55.30	14.63	54.57	24.91	1771.82
2004	2325.85	92.88	89.31	62.30	27.11	79.40	19.44	1924.58
2005	2767.54	96.29	71.90	39.93	57.43	90.31	15.87	2287.42
2006	2869.16	134.97	66.65	62.15	51.54	83.09	19.05	2466.48
2007	3050.04	55.25	55.05	60.44	64.50	77.29	22.86	2584.31
2008	3186.59	55.25	54.34	83.54	39.65	83.41	58.94	2575.92
2009	3249.08	68.77	42.16	88.85	34.55	100.17	65.20	2665.70
2010	3265.57	283.44	84.29	81.39	74.60	113.50	51.07	2932.28
2011	3557.72	309.59	76.93	63.32	68.99	110.58	58.46	3128.74
2012	3841.81	343.31	79.42	64.18	51.78	130.64	72.60	3344.62

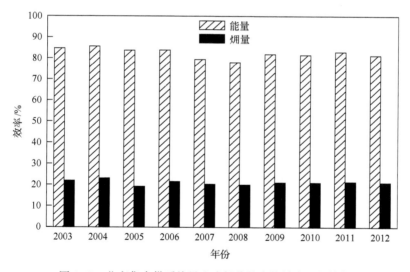

图 4.13 北京集中供暖热量生成部分的产热效率和㶲效率

北京地区和上海地区公共建筑的分项燃料消耗数据如表 4.10 所示。结合化石燃料分享利用效率并利用式(4-34)和式(4-35)，算得各典型气候城市公共建筑部分的燃料利用效率，结果如表 4.15 所示。

表 4.15　2003～2012 年北京地区和上海地区公共建筑部分化石燃料利用总效率

（单位：%）

年份	北京		上海	
	η_f	ϕ_f	η_f	ϕ_f
2003	67.92	7.09	68.37	15.94
2004	68.54	7.57	68.94	15.66
2005	67.19	6.69	67.89	16.18
2006	67.28	7.50	66.62	16.80
2007	64.24	7.23	66.81	16.71
2008	63.34	7.30	66.34	16.94
2009	65.96	7.66	65.96	17.13
2010	65.71	7.66	66.30	16.96
2011	66.61	8.04	65.95	17.13
2012	65.57	8.05	65.88	17.16

在 2003～2011 年间，北京地区公共建筑的燃料利用热效率由 68.5%降低到 65.6%，燃料的㶲效率则略微上升，达到 8%；上海地区公共建筑的燃料利用热效率由 68.9%降低到 65.9%，燃料利用㶲效率则由 15.9%上升到 17.2%。

北京地区公共建筑燃料利用热效率的降低主要是由于热电联产等部分的产热效率有所降低。上海地区公共建筑燃料利用热效率近十年降低了 3 个百分点，这主要是由于餐饮业的燃料消耗比例逐渐上升，而用于炊事的燃料的热效率在公共建筑各燃料利用项目中处于最低水平。

公共建筑部分燃料㶲利用效率方面，北京约为上海的一半，这主要因为北京公共建筑部分采暖用燃料占到总燃料消耗的 80%，而用于采暖的燃料的㶲效率不超过 6%。总的来看，公共建筑部分燃料的㶲利用效率均远低于相应的能量利用效率，这主要是因为高品质的燃料往往用于满足低品质的热量需求，不合理的能质匹配造成了大量的㶲损失。

3) 公共建筑部分能源利用总效率

北京地区和上海地区公共建筑部分的电能和燃料消耗数据如表 4.9 和表 4.10 所示，各类能源的总能量和㶲量利用效率的计算结果如表 4.13 和表 4.15 所示。利用式(4-34)和式(4-35)，可分别算得北京地区和上海地区公共建筑部分的总能量和㶲量利用效率，结果如图 4.14 和图 4.15 所示。

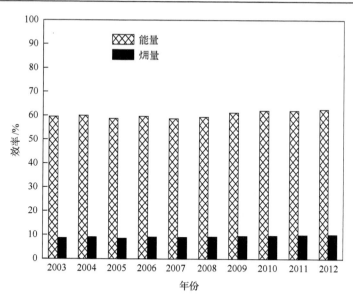

图 4.14　北京地区公共建筑总用能效率

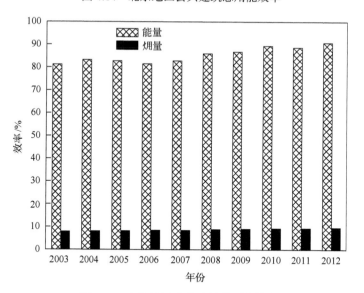

图 4.15　上海地区公共建筑总用能效率

由图 4.14 和图 4.15 可以看出，北京地区公共建筑部分能源的能量和㶲量利用效率在 2003～2012 年间均呈现上升趋势。其中，总能量利用效率上升了 3.9 个百分点，达到 62.6%，而总㶲效率只增长了 1.5 个百分点，在 2012 年达到 10.1%。对于上海地区公共建筑部分的能源消耗，总能量利用效率上升了 9.6

个百分点，达到 90.8%，总㶲利用效率仅增长了 1.9 个百分点，2012 年时为 9.7%。北京地区和上海地区公共建筑用能效率的差异主要是由不同采暖方式引起的。如果考虑电能生产和传输过程中的损失，电能用于空调时的㶲效率不到 2%，而上海地区公共建筑中空调耗电比例高于北京地区，因此，上海地区公共建筑部分能源利用㶲效率稍低于北京公共建筑的用能㶲效率。此外，公共建筑中能量和㶲量利用效率间巨大的差异表明中国公共建筑用能中存在很大的节能潜力。

为了查明公共建筑部分能源利用薄弱环节，研究分别针对北京地区和上海地区公共建筑能源利用绘制了能量流动和㶲量流动轨迹图，该图显示了能量和㶲量损失的具体分布情况。

图 4.16 和图 4.17 分别展示了 2012 年北京地区和上海地区公共建筑部分㶲量输入、㶲收益及㶲损失的分布情况。可以看出，热量和电能生产部分是㶲量损失的关键位置。公共建筑中各项能量利用均追溯到一次能源消耗时，采暖、空调、通用设备、照明和炊事对于北京公共建筑部分㶲量损失的贡献率分别为 41%、27.6%、12.6%、9.5%和 8.6%。根据图 4.17 中的数据可知，空调、采暖、通用设备、照明和炊事对于上海地区公共建筑部分㶲量损失的贡献率分别为 37.6%、23.1%、18%、13.4%和 7.4%。

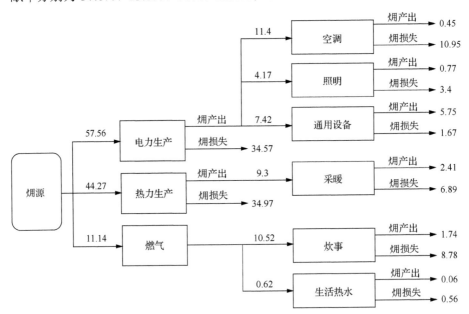

图 4.16　2012 年北京地区公共建筑部分能源利用的㶲流图谱(单位：PJ)

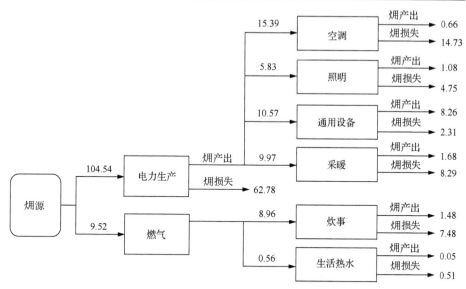

图 4.17　2012 年上海地区公共建筑部分能源利用的㶲流图谱(单位：PJ)

通过对中国主要气候区典型城市公共建筑部分能源利用的㶲分析，得到中国公共建筑部分的㶲利用效率的主要改进方向：提高热电站的发电效率，合理利用低品位热能供暖，控制建筑物空调负荷，改进公共建筑中用能设备性能。

4.4.3　中国典型气候区公共建筑㶲耗特性

根据 2003～2012 年间典型气候城市公共建筑用能统计数据，研究分析了公共建筑部分的能量及㶲量利用特性。结果发现，北方城市和南方城市公共建筑部分均存在很大的节能潜力，该部分的㶲利用效率远低于其能量利用效率。具体来说，近 10 年间北京公共建筑部分的总能量利用效率在 59.6%～62.6% 之间变化，而相应的㶲效率只在 8.7%～10.1% 之间；上海地区公共建筑部分能量利用效率在 81.2%～90.8% 之间，而其㶲利用效率却只有 7.9%～9.7%。

近年来，关于公共建筑的节能政策和措施对于改善㶲利用效率的效果很有限，中国公共建筑部分中，有效利用的㶲量仅有 10% 左右。供暖和空调分别为北京地区和上海地区公共建筑最大㶲损失的成因。其他用能项目造成的㶲损失在南北方城市呈现相似的特性：通用设备、照明和炊事分别贡献约 15%、10% 和 8% 的总㶲损失。

总的来说，中国公共建筑部分能源利用的㶲效率仍处于很低的水平，未来的节能策略应更加注重对于㶲的高效利用。

参 考 文 献

[1] 中国建筑科学研究院. GB 50736—2012 民用建筑采暖通风与空气调节设计规范[S]. 北京: 中国建筑工业出版社, 2012.

[2] Sakulpipatsin P, Itard L C M, van der Kooi H J, et al. An exergy application for analysis of buildings and HVAC systems [J]. Energy and Buildings, 2010, (42): 90-99.

[3] 中国建筑科学研究院. GB 50189—2005 公共建筑节能设计标准[S]. 北京: 中国建筑工业出版社, 2005.

[4] 中国国家质量监督检验检疫总局. GB 16410—2007 家用燃气灶具[S]. 北京: 中国标准出版社, 2007.

[5] 陈少玲. 低温地热水用于供暖方案研究[D]. 哈尔滨: 哈尔滨工业大学, 2010.

[6] 淮晓烨. 地铁照明中的 LED 应用及综合能效分析[J]. 城市建设理论研究, 2014, 15.

[7] Saidur R, Masjuki H, Jamaluddin M. An application of energy and exergy analysis in residential sector of Malaysia [J]. Energy Policy, 2007, 35: 1050-1063.

[8] Utlua Z, Hepbasli A. Analysis of energy and exergy use of the Turkish residential-commercial sector[J]. Building and Environment, 2005, 40: 641-655.

[9] 清华大学建筑节能研究中心. 中国建筑节能年度发展研究报告[M]. 北京: 中国建筑工业出版社, 2009.

[10] 清华大学建筑节能研究中心. 中国建筑节能年度发展研究报告[M]. 北京: 中国建筑工业出版社, 2011.

[11] 王庆一. 可持续能源发展财政和经济政策研究资料参考[R]. 2005 年数据. 2005, 10.

[12] Dincer I, Hussain M M, Al-Zaharnah I. Energy and energy use in public and private sector of Saudi Arabia[J]. Energy Policy, 2004, 32: 1615-1624.

[13] Utlua Z, Hepbasli A. A study on the evaluation of exergy utilization efficiency in the Turkish residential-commercial sector using energy and exergy analysis[J]. Energy and Buildings, 2003, 35: 1145-1153.

[14] Kumiko K. Energy and exergy utilization efficiencies in the Japanese residential/commercial sectors[J]. Energy Policy, 2009, 37: 3475-3483.

[15] 清华大学建筑节能研究中心. 中国建筑节能年度发展研究报告[M]. 北京: 中国建筑工业出版社, 2010.

[16] 李雅兰, 刘燕, 冯军, 等. 天然气负荷指标及用气规律的研究[J]. 城市燃气, 2007, (2): 15-22.

[17] Saidur R, Sattar M A, Masjuki H H, et al. Energy and exergy analysis at the utility and commercial sectors of Malaysia[J]. Energy Policy, 2007, 35: 1956-1966.

[18] 胡浩, 肖津. 三相异步电动机的节能[J]. 电工电气, 2009, (10): 27-30.

能源的"人生规划"

　　能源由自然物化过程开始，经过人工转化、传递，达到建筑用户端，直至完全耗散于环境，这样一条能量流动轨迹可以看作是能源经历的一个生命周期。在这样一个周期中，为了对能源实现更高效的利用，需要对能源供应、传递路线、末端用途等方面进行综合分析和规划。

5 建筑能量系统㶲分析评价指标体系

建筑实现能量利用的基本要素包括：能源供应、设备系统和建筑需求。相应的，建筑用能的节能分析需综合考虑以上各方面。为了全面反映建筑用能过程的薄弱环节并找出改进方法，研究利用㶲分析统一了能量产品的起点，建立了设备系统㶲传递效率的通用分析方法和建筑的㶲匹配效率分析方法，在此基础上，得到了建筑用能完整能量链的节能分析方法。

本章根据资源㶲的流动情况，综合建筑用能过程各基本要素界定了建筑能量系统，以能源可持续利用为目标，建立了建筑能量系统的㶲分析方法和节能评价体系，研究结果将为建筑用能的能源供需匹配方案及能量系统方案提供评判标准，同时，可查明系统㶲损失的位置与大小，为建筑能量系统低㶲优化提供依据。

5.1 建筑能量系统㶲分析基础

图 5.1 展示了建筑用能完整能量链的㶲流动过程。

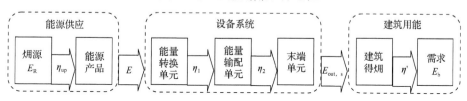

图 5.1 建筑用能完整能量链的㶲流动过程

建筑用能完整能量链的㶲分析将能源利用追溯到自然界基础㶲源，考虑能源产品上游阶段的㶲流动和能源产品经过设备系统的㶲传递效率以及建筑端的真实㶲量收益，从而形成对能源生命周期利用效率的评价方法。

由于㶲是以环境状态为基准的相对量，同时，能量系统的㶲量输入及㶲收益均在有限的范围内进行，因此，分析建筑能量系统㶲利用时，首先应明确系统边界和环境状态。

5.2 建筑能量系统㶲分析目标

目前已有大量关于建筑能源利用的㶲分析，文献[1]和文献[2]分析了中国地区的㶲量资源开发潜力，并分析了该地区㶲耗分布以及建筑、运输、农业等主要社会部分的㶲利用效率。建筑设备系统方面，现有㶲分析集中于主要部件(锅炉、换热器等)的热力性能和系统主要能量转换过程的㶲效率[3~5]。Arno 等建立了建筑物的㶲信息模型，为建筑设计之初的低㶲优化提供了依据，Yucera 等则利用㶲方法分析了建筑热工性能与采暖㶲耗间的影响关系[6]。然而，对于包含能源、设备和建筑物等因素的建筑用能系统，提高其中某一部分性能或效率均难以获得实质性的节能效果，如建筑热工性能很好，但所匹配设备系统的㶲利用效率很低，即使设备系统已得到性能优化，供应能源与建筑用能需求间巨大的能量品质差异也会使得建筑能量系统的㶲利用效率处于较低水平。因此，对于建筑中各用能项目，分析其能量利用效果时应对完整能量链进行综合考察。

无论何种用能目的、采用什么样的用能方案，实现能源资源的可持续性利用已成为人类社会的共识。因此，研究在针对建筑能量系统的节能分析时，主要关注㶲量的分布情况以及㶲量损失的位置、原因和改进方法。实现建筑用能需求的同时，使相应建筑能量系统对自然界能源资源的完全㶲耗尽可能少，这才符合能源可持续利用的目标。而低㶲建筑能量系统的实现需要能源供应、设备系统和建筑需求的共同作用和优化组合。

5.2.1 建筑低㶲供能方案分析

研究分析了自然界能源资源的形成过程，建立了能源产品上游阶段的完全㶲成本分析模型，对于不同能源产品的利用，以㶲成本系数作为统一分析基准。能源产品的㶲成本代表该能源上游过程造成的自然界不可再生㶲消耗，这为低㶲能源供应方案的确定提供了量化分析基础。

实现建筑低㶲供能目标，不仅要考虑所选用能源产品的㶲成本，还应关注能源产品与其所满足的建筑能量需求间的能质匹配效果，并探索能源产品的最佳匹配方案和梯级利用方法。为了反映建筑能量系统中能源产品与用能需求间的匹配程度，研究定义了能源产品的能质利用效率，表达式如下所示：

$$\phi_\lambda = \frac{\lambda_x}{\lambda_R} \tag{5-1}$$

式中，λ_x 为建筑能量需求的能质系数；λ_R 为满足某项能量需求的能源的能质系数。

能源产品的能质利用效率越高，说明能源产品的供需匹配效果越好。由于实际过程中存在不可逆损失，能源产品在利用过程中品质不断降低，因此，式(5-1)中的效率值不可能达到100%。

不难发现，㶲成本系数和能量品质系数是影响能源产品利用效果的关键因素，确定能量系统的能源供应方案时，需要综合分析这两方面因素。而㶲成本系数与能量品质系数间乘积的含义是单位数量能源产品所承担的自然界㶲耗量，如式(5-2)所示：

$$e_R = \varepsilon_R \lambda_R \tag{5-2}$$

式中，ε_R 为能源产品 R 的㶲成本系数；λ_R 为能源产品 R 的能质系数。

研究在分析能质利用效率的基础上，考虑了能源产品的上游㶲成本，从而得到综合反映能源产品㶲成本和能质利用效率的热力学参数，表达式为

$$\phi_{nz} = \frac{\lambda_x}{\varepsilon_R \lambda_R} \tag{5-3}$$

式中，分母部分代表能量系统单位能量产品输入所承担的自然界㶲耗量，分子部分代表单位能量利用时获得的㶲收益。可以看出，ϕ_{nz} 为设备系统和建筑㶲匹配效率均处于理想状态下的能量产品㶲利用效率，它反映了能量产品供需匹配的热力完善程度，该分析方法为能量产品供应方案的评选提供了依据。

由式(5-3)可知，能量产品供需匹配的热力完善程度受到建筑用能需求的能量品质、供应能源能量品质和供应能源上游㶲成本的影响。而建筑用能需求的能质系数 λ_x 取决于能量利用目的，难以调控，因而改善能量系统热力完善度应集中于能源供应方案的优化选择。

(1)满足能量需求的条件下，选用低品质的能量产品。在确定某项能量供应方案之初，应先查明研究区域内可用于满足该能量需求的能源种类，并对比分析各能源形式的能质水平，所选用能量产品的能质利用效率应尽可能低，如采暖用能可利用工业余热和低温地热水，空调降温可采用井水、地道风等高温冷源。

(2)选用上游㶲成本低的能量产品。对于研究区域内的可选能源形式,利用㶲成本模型分析其上游获取过程的完全㶲耗量,从而为能源产品的选择提供依据。在能源产品㶲成本分析时,可再生能源与不可再生能源的分析方法存在差异。其中,可再生能源包含的㶲量为流量㶲,而流量㶲的消耗不会造成自然界㶲量损耗,因此,可再生能源的上游㶲成本被认为是零,此时,无法利用式(5-1)评判能源产品供需匹配的热力完善度,当多种可再生能源均满足某项用能需求时,选用能质利用效率高的能源产品。不可再生能源的上游㶲成本系数均不小于1,因而在能源产品选择时应优先考虑可再生能源的利用,当可再生能源产品难以承担建筑用能需求时,则需要不可再生能源的输入。存在多种可供选择的不可再生能源时,应对比分析各能源产品的㶲成本系数,该系数值越低,说明能源产品的获取过程越简单,取用越便捷,同时,结合能源产品的能质系数,利用式(5-3)计算不同能源产品供应时的热力完善程度,该参数越高,说明所选能源产品的利用越有利于能源节约。

5.2.2 低㶲设备系统

设备系统在建筑能源利用过程中主要起能量转换和传递作用。能源产品由输入到最终满足建筑能量需求可以经过不同的流动路线,即可采用不同的设备系统,比如将煤炭用于采暖时,可以利用燃煤锅炉直接供热,也可使煤炭通过热电厂发电,再将电能用于热泵供暖。不同设备系统的热力性能存在差异,因而会对建筑能量系统的节能性产生不同效果。

根据建筑用能设备的基本功能,研究对设备系统进行了模块化分析,设备系统由各基本能量单元组合而成。针对设备系统的各基本功能单元,分别建立㶲平衡方程,并得到各基本单元的通用㶲效率分析方法。

各种建筑用能设备或设备组合均可划归到相应的基本功能单元中,如锅炉、制冷机、换热器属于能量转换单元,热水管网、蒸汽管网以及输电网均属于能量传递单元。具有不同功能的设备或设备组合可看作是基本能量单元的元素,根据功能类别建立各基本功能单元的元素库,通过调用库中的设备元素可组合形成不同类型的设备系统。引入设备元素库的优势主要包含两方面:便于设备系统的优化组合以及为设备系统的程序化设计提供基础。

在供应能源种类和建筑能量需求确定的情况下,利用设备系统元素库信息,通常得到多种使用目的相同而组合形式各异的设备系统。从能源节约的角度出发,设备系统的选择应考虑系统对于能源产品的㶲量传递效率和设备系统运行过程的辅助㶲消耗。

　　研究根据设备系统模块化分析结果建立了设备系统的通用㶲分析模型。供应能源包含的㶲量为设备系统的㶲量输入，系统有效输出的㶲量为收益㶲。则设备系统的主㶲源效率为

$$\phi_{m,s} = \frac{E_{out}}{E_{m,in}} \tag{5-4}$$

式中，$\phi_{m,s}$ 为设备系的主㶲源效率，%；E_{out} 为设备系统有效输出的㶲量，J；$E_{m,in}$ 为主㶲源输入设备系统的㶲量，J。

　　系统主㶲源效率与组成该系统的各基本功能单元的㶲效率及组合方式有关：

$$\phi_{m,s} = f(\phi_1, \phi_2, \cdots, \phi_n) \tag{5-5}$$

式中，ϕ_n 为组成设备系统的第 n 项基本功能单元的㶲传递效率。

　　系统主㶲源效率的含义是设备系统在外部散失和内部不可逆损失双重作用下，对于能源产品㶲量的有效传递程度，反映了设备系统的热力完善性。

　　在主㶲源输入之外，设备系统运行过程中需要辅助能源的输入，用以提供动力及监控等用能需求，而这类能量输入多为高品质的电能，对系统总㶲耗的影响不可忽略。将设备系统视为一个整体，则除了主㶲源输入，还有设备系统运行过程中的辅助㶲输入。考虑能源产品的上游㶲成本，设备系统的完全㶲量消耗按式(5-6)计算：

$$E_{o,s} = E_m \varepsilon_m + \sum E_{a,i} \varepsilon_{a,i} \tag{5-6}$$

式中，E_m 为主㶲输入量，J；$E_{a,i}$ 为辅助㶲消耗量，J；ε 为能源产品的上游㶲成本系数。

　　根据设备系统完全㶲耗量和有效输出㶲量，设备系统的总㶲效率可表示为

$$\phi_{o,s} = \frac{E_{out}}{E_m \varepsilon_m + \sum E_{a,i} \varepsilon_{a,i}} \tag{5-7}$$

　　结合式(5-4)和式(5-6)，得到设备系统完全㶲效率的计算式：

$$\phi_{o,s} = \frac{\phi_{m,s}}{\varepsilon_m + \phi_{m,s} \sum \xi_{a,i} \varepsilon_{a,i}} \tag{5-8}$$

式中，$\xi_{a,i}$ 为设备系统运行过程的辅助㶲耗系数。

完全㶲效率反映了设备系统有效输出单位㶲量时造成的自然界不可再生㶲资源损失，效率越高，设备系统越有利于能源资源的可持续利用，因此，可利用完全㶲效率作为设备组合方案的节能评判依据。㶲效率的改善包含两方面：①改进设备性能或采用新技术，减少设备泄露、传热等外部损失，同时，优化设备单元的组合，降低设备系统内部的不可逆㶲损失，从而提高系统的㶲传递效率；②通过分析辅助㶲耗分布及损失原因，改进系统结构和运行管理模式，降低辅助㶲消耗系数。

5.2.3　低㶲耗建筑物

建筑能量系统的目的是满足建筑中的能量需求，由于能量利用的实质是对㶲量的利用，研究将主要关注建筑中㶲量的流动及损耗情况。根据建筑用能需求的能耗量和能质水平，可以得到各用能项目的基本㶲耗量，表达式为

$$E_{b,i} = Q_{b,i} \lambda_{b,i} \tag{5-9}$$

式中，$E_{b,i}$ 为建筑某用能项目的基本㶲耗量，J；$Q_{b,i}$ 为建筑用能项目的基本能量需求，J；$\lambda_{b,i}$ 为建筑用能需求的能质系数。

建筑中用能项目的基本㶲耗量是确定能源供应及设备系统方案的重要依据。影响基本㶲耗的因素：包括建筑用能项目的能量需求和品质需求两个方面。建筑中用能项目的能质水平只与能量利用目的有关，因此，降低基本㶲量需求的方法是减少建筑能量负荷。

建筑的各项能量需求中，采暖和空调用能占有最大比例，这部分能量负荷受到室外环境状态、建筑热工性能及运行模式的共同作用。由于室外环境不受人为控制，因此，降低采暖和空调负荷将主要通过改善建筑围护结构的热工性能和运行模式实现。目前，已有大量关于建筑围护结构热工性能的研究，相应的节能规范也已实施。

采暖空调的目的是满足建筑中人员的热舒适需求，运行模式主要受到人员行为的影响，因此，采暖空调运行模式的基本参数为运行时间和作用空间范围。不同功能的建筑中，人员活动时间存在差异，如办公建筑集中于工作时段，住宅建筑则多为夜间及节假日时段，因而呈现间歇性的采暖空调需求，而目前多数的集中采暖仍保持连续运行模式，存在大量能量浪费。另一方面，采暖空调通常以整个建筑空间为对象，超过了人员的有效活动区域，造成采暖空调负荷的不必要增大。由此看出，采暖空调在运行模式方面存在很大的

节能潜力。改善采暖空调运行模式的核心内容是根据人员行为模式调节采暖空调的运行时间和作用空间，在满足人员热舒适的情况下降低采暖负荷。近年来，建筑采暖空调运行模式的优化研究已取得一定进展，间歇性采暖、局部采暖和个性化送风以及利用夜间通风减少空调运行时间等方法均能降低采暖空调负荷。

与采暖空调负荷类似，建筑照明需求也存在时间和空间分布特性，这一方面受制于建筑物自然采光性能，另一方面也与建筑功能和人员习惯有关。因此，降低建筑照明负荷不仅需要改进建筑物的自然采光，还应培养人员的节能习惯。生活热水、炊事和其他设备的能量利用主要受人员生活习惯或工作形式影响，存在较大的主观性，难以通过运行模式的调节来获得节能效果。

建筑设备系统有效输出的㶲量为建筑端的㶲量输入，通常情况下，建筑端输入㶲大于建筑用能项目的基本㶲量需求。为了反映建筑端对输入㶲量的有效利用程度，研究定义了建筑用能㶲匹配效率：

$$\phi_{b,p} = \frac{Q_{b,i}\lambda_{b,i}}{Q_{out,s}\lambda_{out,s}} \tag{5-10}$$

式中，$\phi_{b,p}$为建筑用能项目的㶲匹配效率，%；$Q_{out,s}$为在满足某用能项目时设备系统有效输出的能量，J；$\lambda_{out,s}$为设备系统输出能量的能质系数。

由式(5-10)可以看出，建筑用能㶲匹配效率反映了两方面内容：①建筑对设备系统输出能量的利用效率；②能量需求与设备系统输出能量间的能质匹配效率。能量效率的提高一方面需改善末端设备的技术性能，如采暖末端的散热效率、灯具效率和燃气炉灶的燃烧效率等，另一方面应优化设备输出能量与建筑基本能量需求在时间和空间上的匹配效果，减少不必要的能量输入。建筑用能项目的能质需求处于稳定水平，因此，改善建筑端能质匹配效率只能通过控制设备系统输出能量的能质水平来实现，如近年来发展的高温冷媒供冷和低温热媒供热均有利于能量品质的高效利用。

理论上，通过完善末端设备性能和改进能质匹配方案，建筑用能㶲匹配效率可无限接近于1，然而在实际过程中，受到技术水平等因素限制，建筑用能的㶲匹配效率存在合理的取值范围，研究分析了在现有技术水平下，建筑中各项用能可达到的最佳㶲匹配效率，该效率值为建筑端能量供需匹配的节能潜力和节能效果分析提供依据。

5.3　建筑能量系统节能评价指标体系

现有的节能分析与评价方法以能量守恒定律为基础,关注能耗数量和能量的有效利用程度,没有考虑能量形式的差异,忽略了能量品质的退化和损失,同时,缺少对建筑用能完整能量链的考察。研究根据㶲分析,统一了不同能源产品的评价基准,建立了设备系统㶲传递效率和建筑的㶲匹配效率分析方法。在此基础上,得到了建筑能量系统的节能分析与综合评价方法。

5.3.1　建筑能量系统总㶲效率

能源节约的核心内容是减少不可再生能源的消耗,对于建筑中的用能项目,满足能量需求时所造成的自然界不可再生㶲损耗是评判该用能项目节能性的重要依据。根据建筑用能项目的基本㶲量需求和该用能项目造成的完全㶲消耗,研究定义了建筑能量系统的总㶲效率,表达式为

$$\phi_{\mathrm{o}} = \frac{E_{\mathrm{b}}}{E\varepsilon + \sum E_{\mathrm{a},i}\varepsilon_{\mathrm{a},i}} \tag{5-11}$$

结合式(5-8)和式(5-10),建筑能量系统总㶲效率可按式(5-12)计算:

$$\phi_{\mathrm{o}} = \frac{\phi_{\mathrm{m,s}}\phi_{\mathrm{b,p}}}{\varepsilon + \phi_{\mathrm{m,s}}\sum \xi_{\mathrm{a},i}\varepsilon_{\mathrm{a},i}} \tag{5-12}$$

由式(5-12)可知,提高建筑能量系统总㶲效率的方法包含以下几方面:①在满足能量需求的前提下,利用㶲成本系数低的能源产品;②改进设备性能和设备组合方式,提高设备系统的主㶲源效率;③在设备系统方案确定时,不仅要考虑系统对于能源产品的㶲传递效率,还应关注设备系统运行过程的辅助㶲消耗,使设备系统的总㶲效率处于较高水平;④降低设备输出能量与建筑需求能量间的能量品质差异,从而提高建筑用能的㶲匹配效率。

建筑能量系统的㶲分析考虑了从能源生成到在建筑中实现利用这一完整过程的㶲分布和损耗情况,据此得出的能量系统总㶲效率则反映了建筑用能完整能量链对输入㶲量的有效利用程度,该效率体现了能源供应、设备系统和建筑需求的热力匹配效果,效率值越高,说明建筑能量系统越有利于㶲资源节约。因此,研究以总㶲效率作为评价建筑能量系统节能性的指标。

在建筑用能规划和方案设计之初,对比分析潜在能量系统的总㶲效率,

满足相同建筑能量需求的条件下，可以获得最符合能源可持续利用的建筑能量系统。对于既有的建筑能量系统，通过总㶲效率分析，查明能量系统的热力完善度和节能潜力，为系统低㶲优化效果分析提供参考基准。

5.3.2 建筑能量系统㶲损率

㶲效率能够指出建筑能量系统的㶲利用程度尚有多大潜力，但不能直接反映整个系统中㶲损失的分布情况以及每个环节㶲损失所占的比重，也就不能直接解释能量系统的薄弱环节。㶲损率表示局部㶲损失相对于总㶲损失的比重，它能揭示过程中㶲退化的部位和程度，与㶲效率相辅相成：

$$\sigma = \frac{E_{1,i}}{\sum E_{1,i}} \tag{5-13}$$

式中，σ 为㶲损率，%；$E_{1,i}$ 为局部㶲损失，J；$\sum E_{1,i}$ 为系统总㶲损失，J。

建筑能量系统的完全㶲消耗中，除了满足建筑基本㶲量需求的部分，其余㶲量均在系统中损失，这部分㶲损失可利用式(5-14)进行计算：

$$\sum E_{1,i} = E_o(1 - \phi_o) \tag{5-14}$$

根据式(5-14)，能量系统总㶲损的减少有利于系统完全㶲耗的降低和总㶲效率的提高，而实现这一目标的前提是查明系统中㶲量损失的位置和比重。

在能源产品的上游阶段，研究分析了能源采集、加工和运输环节的完全㶲量消耗，即㶲成本，而有效㶲量输出为能源产品包含的㶲量，根据㶲成本系数，可推得能源产品上游阶段的㶲损失：

$$E_{1,\text{up}} = E_R(\varepsilon_R - 1) \tag{5-15}$$

对于进入建筑能量系统的能源产品，其上游阶段的㶲损耗占系统总㶲损耗的比例按式(5-16)计算：

$$\sigma_{\text{up}} = \frac{E_R(\varepsilon_R - 1)}{E_o(1 - \phi_o)} \tag{5-16}$$

由式(5-16)可以看出，能源产品的自身含㶲量和㶲成本系数是影响其上游阶段㶲损率的关键因素。而降低能源产品上游阶段㶲损率的方法则包括：在满足用能需求的条件下，利用含㶲量更低的能源产品；通过技术改进和区域能源规划，降低能源产品的㶲成本系数。

　　能量在设备中转化和传递时，不能避免能量品质的退化以及设备散热、阻力等因素引起的㶲损失。通过分析设备中㶲量的分布和流动过程，可得到设备的㶲平衡方程。而设备㶲损失即为进入设备的总㶲量与设备有效输出㶲量之差，如式(5-17)所示：

$$E_{l,s} = \sum (E_{in,s} - E_{out,s}) \tag{5-17}$$

式中，$E_{l,s}$ 为设备的㶲损失，J；$E_{in,s}$ 为进入设备的㶲量，J；$E_{out,s}$ 为设备有效输出的㶲量，J。

　　设备的㶲损率则直观反映设备中㶲损失对能量系统总㶲损的影响程度，表达式如下：

$$\sigma_s = \frac{\sum (E_{in,s} - E_{out,s})}{E_o (1 - \phi_o)} \tag{5-18}$$

　　根据式(5-18)，设备在能量系统中所占的㶲损率主要受进出设备的㶲量影响，而设备的耗㶲量及对㶲量的有效传递或利用程度取决于自身热力性能。因此，降低设备㶲损率的关键是改善设备的热力性能，提高㶲效率。对于由多个设备组合形成的设备系统，总㶲损失包含了各设备的㶲损，降低设备系统㶲损率的措施主要包含两方面，一方面通过改进设备性能来减少㶲损，另一方面需要优化匹配设备组合方式，消除不必要的中间过程，减少能量品质损失。

　　影响建筑端㶲损耗的主要因素包括建筑对设备系统输出能量的利用效率以及能量需求与设备系统输出能量间的能质匹配效率。设备系统有效输出㶲量为建筑端的㶲量来源，㶲量收益为建筑用能项目的基本㶲量需求，由此得到建筑端㶲损失的计算式：

$$E_{l,J} = Q_{out,s} \lambda_{out,s} (1 - \phi_{b,p}) \tag{5-19}$$

　　建筑能量系统满足某项能量需求时，建筑端㶲损失占系统总㶲损失的比例为

$$\sigma_J = \frac{Q_{out,s} \lambda_{out,s} (1 - \phi_{b,p})}{E_o (1 - \phi_o)} \tag{5-20}$$

　　由式(5-20)可知，降低建筑端㶲损率的方法包括以下两方面：①提高能

量的利用效率，从而减少设备系统的能量输出，如局部采暖和个性化空调；②控制设备系统输出能量的品质，增加低品质能量的利用，如低温热媒采暖和高温冷媒空调。

通过对建筑能量系统各环节或部件的㶲损率分析，能够查明系统㶲损失的关键部位和主要原因，为能量系统的节能优化指明方向和改进方法。

5.3.3 建筑用能项目㶲耗指标

建筑用能㶲效率考虑了供需能源的能级搭配和设备系统的效率，但缺少对建筑能耗数量的反映。针对这一问题，研究在建筑用能㶲效率的基础上，结合能耗数量、品位等参数，提出建筑用能㶲耗指标，定义为：满足单位建筑面积的用能需求而耗费的自然界存量㶲值，记为 e_i，表达式为

$$e_i = \frac{\lambda_b q_b}{\phi_o} \tag{5-21}$$

式中，q_b 为单位建筑面积耗能量，W/m^2。当 q 代表单位建筑面积采暖负荷时，上式得到的是建筑采暖㶲耗指标 e_h，q 代表单位建筑面积空调负荷时，得到建筑空调㶲耗指标 e_c，q 为单位建筑面积照明负荷时，得到建筑照明㶲耗指标 e_l。

节能要求用能系统具有低㶲耗，因而建筑用能㶲耗指标宜低，根据式(5-21)，实现此目标主要通过以下几方面：降低建筑耗能量；满足建筑用能需求的条件下，尽可能采用低品质能源；提高建筑能量系统的总㶲效率。

建筑物的能耗量受自身因素影响，如采暖空调能耗取决于建筑功能、热工水平、当地气候条件等，降低建筑耗能量是基于建筑自身的节能；能源的梯级利用是提高能源利用效率的重要策略，其基本要求之一是能质匹配，在建筑用能系统中，尽可能使一次能源和需求能源的能质接近，得到最合理的能源供需搭配方案，符合能质节能要求；设备系统在建筑用能过程中起能量转化、输配的作用，高效的建筑设备系统会减少能源在传递及转化过程中的损失。由此可见，建筑用能㶲耗指标涉及的建筑的能耗、能源品质和能源输配效率等因素，全面反映了某项建筑的用能情况，降低建筑用能㶲耗指标的方式则覆盖了节能的主要方面，该指标作为建筑用能方式的节能评价方法具有全面性、科学性。

为了控制建筑能耗数量，目前的节能标准已有针对不同用能项目的建筑能耗指标限额。类似的，在控制建筑用能项目的㶲耗量时，可规定相应的建

筑用能㶲耗指标限额，而由式(5-21)可知，㶲耗指标受建筑基本能量需求的能质水平、能耗指标和能量系统总㶲效率影响，其中，建筑用能的基本能质需求不可调节，能耗指标可由相应的节能标准获得，因而确定㶲耗指标限额的关键参数是能量系统总㶲效率。在一定的研究区域内，实现建筑用能可通过不同的能量系统，相应的存在一系列的㶲效率，但有时㶲效率最高的能量系统可能受到资源密度和分布等因素影响，如太阳能热水采暖、井水空调等会受场地限制，不一定能够广泛发展，因此，在制定建筑用能㶲耗指标限额时，不仅要考虑其节能意义，还应重视该节能限额的可行度。基于上述分析，研究以建筑所在区域内各用能项目使用最广泛的能量系统为㶲耗限额的确定依据，其中涉及的设备效率、运行参数以及建筑内部设计参数等均按相关节能标准限额取值。

参 考 文 献

[1] Chen B, Chen G Q, Yang Z F. Exergy-based resource accounting for China[J]. Ecological Modelling, 2006, 196: 313-328.

[2] Chen G Q, Qi Z H. Systems account of societal exergy utilization: China 2003[J]. Ecological Modelling, 2007, 208: 102-118.

[3] 陈涓涓. 加热炉㶲平衡与㶲利用分析[J]. 西安建筑科技大学学报, 1998, 26(2): 220-224.

[4] 袁晓凤. 换热器的㶲传递特性研究[D]. 重庆: 重庆大学, 2007.

[5] 彭美君. 间接蒸发冷却板式换热器㶲效率评价及分析[D]. 长沙: 湖南大学, 2005.

[6] Yucera C T, Hepbaslib A. Thermodynamic analysis of a building using exergy analysis method[J]. Energy and Buildings, 2011, 43: 536-542.

实践出真知

为了进一步阐明建筑能量系统的㶲分析与节能优化方法，本章将对建筑中两类不同能量系统的㶲利用效率和节能性进行分析计算，并根据不同系统的特点给出低㶲优化建议。

6 建筑能量系统㶲优化分析应用

前文中，研究针对能源产品的利用，建立以上游㶲源为起点，追踪能源转化、传递以及在建筑端利用等一系列过程的完整能量系统的㶲分析方法，旨在实现能源资源与用能需求的优化匹配以及高效的能源利用。

本章结合实际建筑用能系统进行㶲优化分析应用，涉及的能量系统依据用能目的分为建筑采暖用能系统和建筑空调用能系统。采暖和空调是建筑中最常见的用能项目，其能耗量约占建筑总能耗的 60%，是节能的重点环节，针对采暖和空调系统的㶲分析，能够查明系统薄弱环节并指出低㶲优化方法。

6.1 建筑采暖系统㶲分析

由于气候差异及采暖区的划分，我国南北地区冬季采暖方式存在很大差别。北方城镇地区的采暖多为集中采暖，根据热源系统规模和所耗能源种类差异，北方地区建筑采暖系统可分为热电联产采暖系统、区域燃煤锅炉采暖系统、区域燃气锅炉采暖系统、户式燃煤炉采暖系统和户式燃气炉采暖系统，使用的能源种类主要包括煤和燃气。夏热冬冷地区的冬季采暖绝大部分为分散形式，随着建筑热舒适需求的提高和建筑面积的增加，分散电加热和热泵采暖设备快速增多，同时，建筑采暖的能耗强度不断攀升，采暖能耗有继续快速增长的趋势。根据统计资料，2011 年我国北方城镇采暖能耗为 1.66 亿 tce，占建筑能耗的 24.2%，夏热冬冷地区冬季采暖的耗电量为 414 亿 kW·h[1]。

本章将对比分析我国主要采暖系统形式的㶲利用效果。各采暖系统的运行参数及能量效率均按研究区域的平均水平取值。

6.1.1 集中采暖

集中采暖伴随热水锅炉和蒸汽锅炉的出现而得到广泛发展，目前已成为我国北方城镇地区的基本采暖形式。集中采暖的设备系统包含热源、输配管网和散热末端三个基本模块。其中，热源主要为热电联产和区域锅炉房。

1）热电联产

热电联产是利用发电后的低品位余热供热，属于能源梯级利用技术，有效提高了能源的转换效率。根据机组容量的不同，热电联产系统的发电效率和供热效率均存在差异，如小规模凝汽为主的热电联产系统在冬季供热时，发电效率约为20%，供热效率为65%，而规模较大的抽凝式热电联产系统，机组的发电效率约为30%，供热效率为40%。从能源转换效果看，小规模凝汽式热电联产系统的总能量效率更高，大型抽凝式热电联产系统输出更多高品质的电能。热电联产系统作为采暖热源时，输入该热源的㶲量为燃料包含的化学㶲，系统输出的电能㶲和热量㶲则为热源的㶲收益。根据㶲效率的定义，得到热电联产系统的㶲效率表达式：

$$\phi_{h,co} = \frac{Q_e + m_h(h_{h,out} - h_{h,in} - T_0 s_{h,out} + T_0 s_{h,in})}{Q_f \gamma_f} \tag{6-1}$$

$$\eta_{h,co} = \frac{m_h(h_{h,out} - h_{h,in})}{Q_f}, \quad \eta_{e,co} = \frac{Q_e}{Q_f} \tag{6-2}$$

式中，Q_e 为热电联产系统的输出的电量，J；Q_f 为系统消耗燃料的能量数，J；γ_f 为系统消耗燃料的能量品质系数；m_h 为供热热媒的质量流量，kg/s；$h_{h,out}$ 为热电联产系统输出热媒的比焓，kJ/kg；$h_{h,in}$ 为回流热媒的比焓，kJ/kg；$s_{h,out}$ 为系统输出热媒的比熵，kJ/(kg·K)；$s_{h,in}$ 为回流热媒的比熵，kJ/(kg·K)；$\eta_{h,co}$ 为热电联产系统的供热效率，%；$\eta_{e,co}$ 为热电联产系统的发电效率，%。

实际过程中，建筑采暖基本㶲量需求小于供热管网向建筑传递的㶲量，这主要由传热温差和散热效率因素引起。研究定义了建筑采暖㶲匹配效率，用以反映散热末端输出㶲量与建筑基本㶲量需求间的匹配关系，该效率按式(6-3)计算：

$$\phi_{h,p} = \frac{Q_b(1 - T_0 / T_n)}{m_m(h_{m,in} - h_{m,out} - T_0 s_{m,in} + T_0 s_{m,out})} \tag{6-3}$$

式中，Q_b 为建筑采暖基本耗热量，J；T_n 为建筑采暖设计温度，K；m_m 为采暖末端设备中热媒的质量流量，kg/s；$h_{m,in}$ 为进入散热末端的热媒的比焓，kJ/kg；$h_{m,out}$ 为流出散热末端热媒的比焓，kJ/kg；$s_{m,in}$ 为进入散热末端的热媒的比熵，kJ/(kg·K)；$s_{m,out}$ 为流出散热末端的热媒的比熵，kJ/(kg·K)。

分析热电联产系统的㶲利用效果时，主要包含两方面内容，一方面是系统造成的自然界完全㶲损耗，另一方面是系统为能量用户带来的㶲量收益。这两者之比即为热电联产能量系统的总㶲效率，表达式为

$$\phi_{\text{co}} = \frac{Q_{\text{e}}\eta_{\text{trans}}\phi_{e,N} + m_{\text{h}}(h_{\text{h,out}} - h_{\text{h,in}} - T_0 s_{\text{h,out}} + T_0 s_{\text{h,in}})\phi_{\text{h,gw}}\phi_{\text{h,p}}}{\varepsilon_{\text{f}} Q_{\text{f}} \gamma_{\text{f}} + \varepsilon_{\text{a}} m_{\text{h}} h_{\text{m,in}} \theta_{\text{a,gw}}} \tag{6-4}$$

式中，η_{trans} 为研究区域内电能平均传输效率，根据中国电力统计年鉴数据，2011 年全国电能平均传输效率约为 92.5%；$\phi_{e,N}$ 为电能的平均㶲利用效率，该值取为 37.69%[2]；ε_{f} 为化石燃料的上游㶲成本系数；ε_{a} 为辅助能源的㶲成本系数；$Q_{\text{a,gw}}$ 为官网系统的辅助能耗系数。

2) 区域锅炉房

区域锅炉房采暖系统属于集中采暖系统，多用于北方城镇地区。燃料在锅炉中燃烧转化为热能，通过供热管网将热量输送到用户处，在用户进口端通常设有换热设备，将热网侧高温热水的热量转换至用户循环侧，用户利用散热设备将热量散发到采暖空间，从而维持建筑的热舒适需求。常见的供热锅炉有燃煤锅炉和燃气锅炉，供热管网中，热水作为采暖热媒相较于蒸汽更有利于能量节约，因此，研究分别针对燃气热水锅炉和燃煤热水锅炉采暖系统进行㶲分析。

采暖系统运行参数及热源的能量转化效率按研究区域内同类系统和设备的平均水平取值。根据中国建筑能耗模型的相关输入参数，燃煤热水锅炉和燃气热水锅炉的产热效率分别取 70% 和 80%，锅炉进出口温度均为 70/110℃，根据相关行业标准可知，热水集中供热管网的热输送效率不低于 90%[3]。两种采暖系统分别配以不同的散热设备：燃煤锅炉采暖使用散热器，则换热器低温侧热水进出口温度为 55/75℃，根据相关测试调查结果，二次管网平均热损率可取 8%；燃气锅炉采暖使用地暖盘管散热，供回水温度取采暖设计标准推荐值，45/35℃，管网热损率可依据两种采暖系统的热媒温度的比值估算，约为 5%。

锅炉房产出的热量㶲可通过如下方程组计算：

$$\begin{cases} Q_{\text{f}}\eta_{\text{g}} = m_{\text{h}}(h_{\text{g,out}} - h_{\text{g,in}}) \\ E_Q = m_{\text{h}}(h_{\text{g,out}} - h_{\text{g,in}} - T_0 s_{\text{g,out}} + T_0 s_{\text{g,in}}) \end{cases} \tag{6-5}$$

式中，Q_{f} 为燃料包含的能量，J；η_{g} 为锅炉的产热效率，%；$h_{\text{g,out}}$ 为锅炉输出热媒的比焓，kJ/kg；$h_{\text{g,in}}$ 为热媒回流锅炉时的比焓，kJ/kg；$s_{\text{g,out}}$ 为锅炉输出热媒的比熵，kJ/(kg·K)；$s_{\text{g,in}}$ 为热媒回流锅炉时的比熵，kJ/(kg·K)。

将相关数据代入方程组(6-5)，得到燃煤锅炉和燃气锅炉分别输入 1000J 的燃料时，产出的热量㶲分别为 185.8J 和 212.3J。

3）集中供热输配管网㶲效率分析

输配管网是集中供热系统的基本环节之一，在输配管网的作用下，热量被输送到采暖建筑。这一阶段中，管网不可避免热量损失，而热损率的大小直接影响采暖系统对初始能源资源的消耗量。相关研究显示，集中供热系统管网热损率差异很大，对于新建的直埋管热水网，其热损率可低于输送热量的1%，而对于部分年久失修的庭院管网和蒸汽外网，管网热损率可高达30%[4]。管网热损失主要是由于管道热传递引起[5]，因而热损失的结果体现在热媒比焓的下降，相应的，能量品质也有所降低。热媒经过供热管网时的㶲损失为

$$E_{l,gw} = m(h_{h,out} - h_{h,end} - T_0 s_{h,out} + T_0 s_{h,end}) \qquad (6-6)$$

式中，$h_{h,end}$ 为热媒进入散热末端时的比焓，kJ/kg；$s_{h,end}$ 为热媒进入散热末端时的比熵，kJ/(kg·K)。

供热管网的㶲传递效率为

$$\phi_{t,gw} = \frac{h_{h,end} - T_0 s_{h,end}}{h_{h,out} - T_0 s_{h,out}} \qquad (6-7)$$

由于采暖系统中热源输出热媒温度和供热管网系统末端热媒温度可认为是恒定的，因此式（6-7）可转化为如下形式：

$$\phi_{t,gw} = \frac{h_{h,end}(1 - T_0 / T_{h,end})}{h_{h,out}(1 - T_0 / T_{h,out})} \qquad (6-8)$$

式中，$T_{h,end}$ 为热媒进入散热末端时的温度，K；$T_{h,out}$ 为热源输出热媒的温度，K。

当热媒为水时，其焓值为温度和比热容的乘积，考虑到采暖热水的温度变化范围不大，因而研究认为热水的比热容保持不变。另外，供热管网的热效率表达式为

$$\eta_{t,gw} = \frac{h_{h,end}}{h_{h,out}} \qquad (6-9)$$

结合式（6-8）和式（6-9），供热管网系统的㶲传递效率可按式（6-10）计算：

$$\phi_{t,gw} = \eta_{t,gw} \frac{1 - T_0 / (\eta_{t,gw} t_{h,out} + 273)}{1 - T_0 / (t_{h,out} + 273)} \tag{6-10}$$

管网的输配能耗是为了补充热媒传输过程中的压力损失并保证一定的末端压力裕量而产生的，这部分能耗属于采暖系统的辅助能耗，消耗的是高品质的电能。供热管网系统的辅助能耗系数表达式如下：

$$\theta_{a,gw} = \frac{Q_a}{m_h h_{h,end}} \tag{6-11}$$

供热管网的辅助㶲耗系数代表管网输送单位㶲量到散热末端时消耗的辅助㶲量，在分析热电联产能量系统时用能效率时，这部分㶲耗计入系统的总㶲耗中。

4）集中供热㶲效率

研究以西安地区常见的热电联产及区域锅炉房系统为对象，根据其运行参数分析供热系统的㶲利用效果，其中，管网效率及辅助能耗系数以该地区同类系统的平均水平为准，相关参数如表 6.1 所示[4,6]。

表 6.1 热电联产系统主要运行参数

系统单元	供水温度/K	回水温度/K	能量效率/%	辅助能耗系数/‰
发电	—	—	25	—
产热	383	343	50	—
一次管网	383	343	90	16
换热器	348	328	98	—
二次管网	348	327	95	40
散热末端	346	328	98	—

热电联产系统的主能源输入为燃煤，能源品质系数为 1.04，环境温度为 0.9℃。以单位数量（1kJ）燃煤输入为计算基础，则系统的有效输出电能为

$$Q_e = Q_f \eta_{e,co} = 1000 \times 25\%$$

根据式（6-2）有

$$m_h(h_{h,out} - h_{h,in}) = 1000 \times 50\%$$

利用式（6-1）和表 6.1 中的数据，算得热电联产系统热源部分的㶲效率为

38.3%。一次管网系统的㶲传递效率可利用式(6-10)计算：

$$\phi_{\text{t,gw}} = 0.9 \times \frac{1 - 274 / (0.9 \times 110 + 273)}{1 - 274 / (110 + 273)} = 0.83$$

换热器高温侧热媒平均温度为363K，低温侧热媒平均温度为338K，㶲效率可根据高低温侧热媒温度计算：

$$\phi_{\text{t,hr}} = 0.98 \times \frac{1 - 274 / 338}{1 - 274 / 363}$$

得到 $\phi_{\text{t,hr}}$ 为 0.76。同样利用式(6-10)，算得二次管网的㶲传递效率为0.91。对于包含换热器在内的管网系统，其总㶲传递效率约为0.57。

末端输出㶲量与建筑基本㶲量需求间的㶲匹配效率可由式(6-3)计算。式中，热媒的比焓和比熵等参数可根据相应的温度和压力值查得。结果算得建筑采暖㶲匹配效率为0.34。

供热管网系统的辅助能耗可按下式计算：

$$Q_{\text{a}} = m_{\text{h}} h_{\text{h,end}} (\theta_{\text{a,I}} + \theta_{\text{a,II}})$$

由上式算得，供热管网系统的辅助能耗约为 23.5W/kW。结合式(6-4)，得到该热电联产能量系统的总㶲效率约为10.7%。可以看出，热电联产能量系统中㶲量的有效利用程度依然很低。分析系统㶲损失时发现，热源部分(即热电厂)的㶲损失最大，约占系统总㶲损失的60%，这主要是因为燃煤用于生产采暖所需热能时存在较大的能质下降。在热量输配过程中，一次和二次供热管网系统的㶲效率均在80%以上，处于较高水平，改善管道保温性能并减少泄露均可控制热媒在管网中的热量㶲损失，换热单元的㶲效率相对较低。另外，建筑采暖㶲匹配效率仅为34%，这部分㶲损可通过改进采暖末端形式而降低。电能利用方面，㶲损失主要受使用目的和末端设备性能影响，在电能使用结构中，尽可能保证电能用于高能质需求的用能项目，同时，应推广节能型用电设备，如节能灯具等。

燃煤锅炉采暖系统和燃气锅炉采暖系统使用相同的供热管网，㶲传递效率仍可利用式(6-10)计算，同样，末端散热单元的㶲匹配效率以及采暖系统辅助㶲耗量可分别利用式(6-3)和式(6-4)算得。采暖系统各环节的㶲效率计算结果如表6.2所示。

表 6.2 西安典型区域锅炉房采暖系统各环节的㶲效率 （单位：%）

区域锅炉采暖系统	燃煤	燃气
锅炉	16.5	20.6
一次管网	83	83
换热单元	76	50
二次管网	86	91
散热单元	34	52
主㶲源效率	3	4

由表 6.2 中的结果可知，区域锅炉房采暖系统主㶲源效率处于很低水平，相对而言，燃气锅炉采暖系统对于燃料化学㶲的有效利用程度高于燃煤锅炉采暖系统，主要原因是：燃气锅炉的产热效率高于燃煤锅炉，另外，燃气锅炉采暖系统配合地暖盘管散热，二次管网的热媒温度较低，管网热损率也相对较低。在区域锅炉采暖系统各环节的㶲效率中，供热锅炉的㶲效率最低，且锅炉处在用能主线的起始端，因此，供热锅炉的㶲损失占到系统总㶲损的最大部分，其次是散热单元，当分别使用地暖盘管和散热器为采暖末端时，地暖盘管的㶲效率高于散热器，然而这只是通过增大换热单元两侧温差将㶲损失转移到换热单元，只有在配合㶲成本低的热源(地热、工业余热以及可再生能源制热等)时，低温采暖末端才更能体现节能效果。输配管网的㶲效率均不低于 80%，处于较高水平，这部分㶲损失主要由管网散热引起，因此，改善管网的敷设方式和保温性能以及提高管理水平均有利于供热管网的㶲传递效果。

供热管网的辅助能耗主要为泵消耗的电能，可通过式(6-11)计算，其中，一次管网和二次管网的辅助能耗系数分别取为 16J/kJ 和 40J/kJ。由此算得燃煤锅炉采暖系统和燃气锅炉采暖系统的总辅助能耗量分别为 33.6J 和 39.6J。

区域锅炉房采暖系统的主㶲源为燃料包含的化学㶲，辅助㶲源为热媒输配过程消耗的电能，㶲收益则为用户处采暖空间的热量㶲。考虑能源的上游㶲成本，分别消耗 1000J 燃煤和燃气时，区域燃煤锅炉采暖系统和区域燃气锅炉采暖系统的完全㶲耗和㶲收益计算结果如表 6.3 所示。

表 6.3 西安典型区域锅炉房采暖系统的完全㶲耗和㶲收益

区域锅炉采暖系统	燃煤	燃气
燃料消耗/J	1000	1000
燃料上游㶲成本/J	1237.6	1092.5
辅助能耗上游㶲成本/J	108.9	128.3
㶲收益/J	31.2	38
总㶲效率/%	2.3	3.1

　　表 6.3 中的计算结果表明,区域锅炉房采暖系统的完全㶲耗远高于其㶲量收益,绝大部分㶲量在能源利用过程中损失,该类采暖系统存在巨大的节能潜力。考虑能源的上游㶲成本时,采暖系统辅助能耗的㶲成本能占到系统完全㶲耗的 10%,因此,在分析采暖系统的用能效果时,需考虑辅助㶲耗和间接㶲成本。辅助能耗的大小是供热管网输送距离、输送流量及管网阻力等因素综合作用的结果,是反映采暖系统性能的参数之一。合理布置热力管网管线,降低辅助能耗同样有利于采暖系统总㶲效率的提高。

6.1.2　分散采暖

　　早期的建筑采暖基本为分散采暖,通过内置热源实现,如火炉、火炕等,此类采暖方式依然存在于我国北方农村地区。随着技术的发展,出现了户式燃气炉、电热采暖及热泵等高效、清洁的分散采暖形式。

　　1) 户式炉与电热采暖

　　与集中采暖不同,分散采暖通常只满足建筑局部区域的热需求,在计算采暖能耗时,研究引入了中国建筑能耗模型中的分散采暖局部供热率,用以表示冬季采暖建筑实际的采暖面积。分散采暖方式的采暖能耗按式(6-12)计算[4]:

$$Q_h = \frac{h}{\eta} mA \tag{6-12}$$

式中,Q_h 为某种采暖方式下的采暖能耗,J;h 为建筑平均需热量,W/m²;η 为采暖系统的能量效率;m 为分散采暖方式的局部供热率,具体取值如表 6.4 所示;A 为总建筑面积,m²。

表 6.4　中国分散采暖方式的使用情况[4]　　　　　(单位:%)

采暖方式	产热效率	局部供热率
户式燃煤采暖	40	50
户式燃气采暖	90	80
电采暖	98	60

　　分散采暖系统通常位于建筑内部,热媒管网的散热损失忽略不计,且管网可利用重力循环,因而不需要泵的辅助能耗输入。为对比分析各分散采暖系统的节能性,研究假定某一采暖建筑全面采暖时的采暖负荷为 100kW,根据式(6-12),各分散采暖方式下的能耗量如表 6.5 所示。在分析不同能源产品

利用效果时，均以其上游㶲成本为分析基准，结合能源产品的上游㶲成本系数，得到各分散采暖系统的完全㶲耗和总㶲效率，结果如表 6.5 所示。

表 6.5　分散采暖方式的㶲利用效率

	户式燃煤采暖	户式燃气采暖	电采暖
分散采暖能耗量/kW	125	88.9	61.2
完全㶲耗/kW	154.7	97.1	198.3
采暖㶲收益/kW	6.5	6.5	6.5
总㶲效率/%	4.2	6.7	3.3

由表 6.5 可知，分散采暖系统的㶲效率均处于很低的水平，这是因为高品质的能源直接用于满足低品质的采暖热量需求时，存在巨大的能质浪费。其中，燃气采暖的㶲效率较高，主要由于分散燃气炉的能源转换效率高达 90%；分散燃煤炉由于燃煤不充分燃烧和烟气排热等因素，其能量转换效率远不如燃气炉，且燃煤与采暖用热间同样存在巨大的能质差异，因而分散燃煤采暖方式的㶲利用效率不足 5%，另外，由于分户燃煤采暖的采暖效果、安全性和卫生性均较差，这种采暖方式目前正被逐步淘汰；电采暖的能量利用效率接近 100%，然而㶲效率不足 4%，这两者的巨大差异不仅因为电能用于采暖时的能量品质损失，还因为电能的上游生产过程中存在大量㶲损失，因此电采暖不利于能源节约。

2) 热泵采暖

热泵系统是近年来研究及应用比较广泛的采暖空调系统形式。因其可以节约较多的高品位能源且适用范围广，成为备受关注的新能源技术。热泵供暖时，以一部分高品位能量为代价，从环境介质中提取低品位的热量，经过热媒循环将热量输送给采暖用户。按照热量来源的不同，热泵系统主要分为地源热泵、空气源热泵和水源热泵。制热温度是影响热泵性能的重要参数，该温度值宜低，因此，以热泵为热源的采暖系统，其末端单元通常采用地暖设备。

研究以西安地区地源热泵采暖系统为例，采暖供回水温度为 45/35℃，地埋管进出口温度为 10/15℃，制冷性能系数(coefficient of performance，COP)为 3.5。通过分析热泵系统与外界环境的能量交换发现，输入系统的能源主要包含三部分：热泵机组消耗的电能、热泵通过地埋管获取的浅层地热能以及输配管网系统中泵消耗的电能。考虑到浅层地热能广泛存在且属于可再生能源，对该类能源的消耗不会造成自然界㶲量的不可恢复性损耗,因此,这部分热量㶲不包含在系统总㶲耗中。热泵采暖系统规模有限,因而供热管网只包含庭院管网,热损率取 95%,辅助能耗系数取 40J/kJ。

按照供能系统的通用㶲分析方法,热泵系统的能量转换单元为热泵机组,供热管网为输配单元,末端单元为地暖散热设备。利用各基本单元的㶲效率计算式及相关参数,得到采暖系统各单元㶲效率,结果如表 6.6 所示。

表 6.6　热泵采暖系统㶲分析结果　　　　　　　　　　(单位:%)

热泵采暖系统	能效系数	㶲效率
地源热泵	350	44
供热管网	95	91
散热末端	–	52
主能源/㶲源效率	315	21

由表 6.6 可以看出,尽管热泵采暖系统能效系数处于很高水平,但其㶲量的有效利用程度依然很低,而在考虑电能上游㶲成本的系统辅助㶲耗时,热泵系统的㶲利用效率会进一步降低。研究以热泵机组消耗 1000J 电能为计算基准,利用式(6-11),算得热泵采暖系统的辅助能耗为 140J。结合能源产品的㶲成本系数分析结果,热泵系统的完全㶲耗按式(6-13)计算:

$$E_o = \varepsilon_e (E_m + E_a) \tag{6-13}$$

式中,ε_e 为电能的上游㶲成本系数,第 2 章㶲源分析中得到中国电能的平均㶲成本系数为 3.24;E_m 为热泵系统对主㶲源的㶲量消耗,即为热泵机组的电能消耗;E_a 为辅助㶲量消耗,J。

利用式(6-13),算得热泵采暖系统的完全㶲耗为 3693.6J。另外,根据热泵系统的主㶲源效率,得到采暖用户的㶲收益为 210J。热泵采暖系统的总㶲效率为㶲收益与完全㶲耗之比,约为 5.7%。

分析热泵采暖系统完整能量链的㶲传递过程时发现,在热泵系统的完全㶲耗中,最大㶲损失发生在电能的生产过程中,属于热泵系统的间接㶲损耗,这部分㶲损约占能量系统总㶲损的 70%。热泵机组的能效系数虽然很高,但利用最高品质的电能来获取低品质的热能,仍然存在一定数量的㶲损耗,通过㶲损率计算得到热泵机组的㶲损率约为 16%。供热管网的㶲损耗主要包含两部分:管道散热引起热量㶲损失;管网循环过程中输入的辅助㶲量的耗散损失。供热管网系统的㶲损耗约占热泵采暖系统总㶲损的 7%。而末端单元由于采用地暖散热设备，其㶲效率达到 52%，因而㶲损失较低，约占系统总㶲损的 7%。

通过对热泵采暖系统㶲分析结果可知，降低系统㶲损耗主要包含以下几方面：控制电能上游阶段的㶲成本，这需要提高电厂的发电效率，同时应增加可再生能源发电比例；采用更先进的热泵机组和改善机组的运行工况，提高热泵机组的性能系数；降低管网系统的辅助㶲耗，如优化管网设计、降低压损、合理选用变频泵等措施均能有利于辅助㶲耗的降低。

6.1.3 建筑采暖用能效率

研究以各采暖系统的平均性能水平确定相关参数，得到不同采暖系统的总㶲效率，仅从能源可持续利用的角度出发，各采暖系统的优先顺序如下：热电联产采暖系统（产电和产热效率分别为 25% 和 50%）；分散燃气采暖系统（锅炉效率为 90%，局部供热率为 80%）；热泵采暖系统（COP 为 3.5）；区域燃气锅炉采暖（锅炉效率为 80%）。

为了查明各采暖系统的㶲损分布及原因，研究均以 1000J 主能源输入，分析了各采暖系统完整能量链的㶲流动过程，结果如图 6.1 所示。

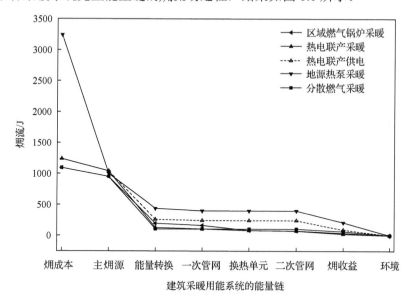

图 6.1　主要采暖系统完整能量链的㶲流过程

由图 6.1 可知，不同能源产品用于采暖时，能源产品上游阶段的㶲成本对采暖系统的总㶲耗具有很大影响，特别是电能的使用过程中，其上游阶段的㶲损耗约占系统总㶲损失的 70%，存在多种潜在能源时，上游㶲成本低的能源产品更有利于系统总㶲耗的降低。采暖系统的输入能源经过能量转换单元时均存在明显的㶲量降低，对比分析各采暖系统的能量转换单元时发现，燃气锅炉中㶲量降低速率最大，虽然其产热效率达到 90%，但燃气锅炉直接将高品质的燃气化学能转换为采暖所需的热能，能量品质损失超过 80%。热电联产系统同时产出热能和高品质的电能，而热泵机组由于其性能系数高达 3.5，这两类能量转换单元的㶲量降低速率相对较低，由此可见，热电联产供暖和热泵供暖比锅炉房供暖更具节能效果。供热管网系统的㶲损失与采暖系统规模直接相关，采暖系统规模越大，管网输送距离则越长，辅助能耗越多，因而管网㶲损较大；小型分散采暖系统只包含室内管网，散热损失和辅助能耗均很低，相应管网的㶲损失也低。采暖末端单元中，地暖盘管比散热器中热媒的能量品质低，在向建筑传递相同热量时，地暖盘管消耗的㶲量更低。

通过追踪采暖系统的㶲量流动轨迹发现，降低采暖系统㶲损失的方法主要包含以下几方面：降低主能源的㶲成本系数，如采用工业余热以及地热、太阳能等天然热源；实现能源的梯级利用，提高能源转换单元的㶲效率；降低管网热损失和辅助能源消耗；提高设备末端设备输出㶲量与建筑采暖基本㶲量需求间的匹配效率。

6.2　建筑空调系统㶲分析

研究将空调供热划归到采暖系统中，因而此处只对制冷空调系统的㶲利用效果进行分析。

6.2.1　电制冷与吸收式制冷

空调系统的冷源部分，最常见的是压缩式制冷机组，近年来，吸收式制冷也得到越来越多关注和应用。为满足建筑节能标准，制冷机组的能效系数均达到节能评价值。压缩式制冷机组的性能系数为制冷量与制冷压缩机轴功率的比值，大型水冷式机组的节能评价值为 5.1[7]。吸收式制冷机组利用燃气提供热能，其性能系数为制冷量除以加热元耗热量与消耗电功率之和的比值，该系数不低于 1.1[8]。制冷机组的运行工况均为：冷冻水进出口温度 12/7℃，冷却水进出口温度 30/35℃。

制冷机组的代价㶲包含冷却水的冷量㶲和机组消耗的电能㶲或热量㶲。㶲量收益为冷冻水包含的冷量㶲。根据目的㶲效率的定义，制冷机组的㶲效

率为

$$\phi_{ly} = \frac{E_d}{E_q + E_w + E_f} \tag{6-14}$$

式中，E_d 为冷冻水输出㶲量，W；E_q 为冷却水的冷量㶲，W；E_w 为制冷机组的电功率，W；E_f 为加热源耗热量包含的㶲，W。

由于冷却水可循环再生使用，对其冷量㶲的消耗不会造成不可恢复性㶲损失，因此，冷却水的冷量㶲不计入制冷机组的代价㶲。另外，在对比分析不同能源产品利用效果时，可利用㶲成本系数得到用能过程的完全㶲消耗，因此制冷机组的完全㶲效率可按式(6-15)计算：

$$\phi_{ly} = \frac{COP}{\lambda_m \varepsilon_m} \frac{h_{out} - h_{in} - T_0 s_{out} + T_0 s_{in}}{h_{out} - h_{in}} \tag{6-15}$$

式中，COP 为制冷机组的性能系数；λ_m 为主能源的能质系数；ε_m 为主能源的㶲成本系数；h_{out} 为机组输出冷冻水的比焓，kJ/kg；h_{in} 为冷冻水进入制冷机组时的比焓，kJ/kg；s_{out} 为机组输出冷冻水的比熵，kJ/(kg·K)；s_{in} 为冷冻水进入制冷机组时的比熵，kJ/(kg·K)。

研究确定了制冷机组的性能系数和运行参数，统一㶲源分析中已得到电能和燃气的上游㶲成本系数分别为 3.24 和 1.15，利用式(6-15)，算得压缩式制冷机组的完全㶲效率为 16.7%，吸收式制冷机组为 10.7%。

研究选用的冷源中，压缩式制冷机组的㶲效率高于吸收式制冷机组，主要得益于前者的性能系数高达 5.1，而制冷机组的性能系数与其㶲效率成正比。另外，由式(6-15)看出，提高制冷机组㶲效率的方法还包括降低主能源的㶲成本系数和利用品质更低的能源产品，如吸收式制冷配合天然热源或工业余热，将大大降低㶲成本，从而改善机组的㶲利用效率。

6.2.2 集中与分散空调

集中空调系统对空气集中处理，然后再通过风道送至各空调房间。因空调房间全部冷热负荷均由被处理后的空气负担又可称为全空气系统。分散空调系统是将空气处理设备全部分散在空调房间内，风在房间内的风机盘管内进行处理。

空调系统中，冷量输配单元是指将制冷机组的输出冷量传输到用户处的管网系统。管网中冷媒存在不同形式，分散空调系统多利用冷剂或冷冻水直接将冷量输送到末端设备，集中空调系统则通过换热设备将冷量转换到空气中，再将低温空气(温度为15℃)输配到各系统末端。对于上述两种冷量输配单元，前者可称为冷冻水系统，后者为空气系统。

冷量输配单元的主㶲量输入为冷媒自身的冷量㶲，辅助㶲量为冷冻泵以及风机等动力设备消耗的电能，空调末端获得的㶲量为冷量输配单元的收益㶲。冷媒经过输配单元的㶲损失主要包含以下两部分：管网设备传热使冷媒温度升高，造成冷量㶲损失；冷媒克服管网阻力时产生的压力㶲损失。泵和风机等动力设备的辅助㶲消耗正是为了弥补管网的压力损失，因此冷量输配单元的压力㶲损失近似为辅助㶲耗。根据办公建筑空调系统能耗特点的研究结果显示[9]，冷冻水系统和空气系统的平均冷损率分别为8%和20%，类似于采暖系统供热管网㶲传递效率的计算方法，空调系统冷量输配单元的㶲传递效率按式(6-16)计算：

$$\phi_{m,c} = (1-\eta_{cl}) \frac{T_0 / [\eta_{cl}(T_0-T_{out}) + T_{out} + \Delta t_{ce}] - 1}{T_0 / T_{out} - 1} \tag{6-16}$$

式中，η_{cl}为冷量输配单元的冷损率；T_{out}为制冷机组输出冷媒的温度，K；Δt_{ce}为制冷机组和管网的冷量交换温差，℃。

当环境温度为303K，利用式(6-16)得到冷冻水系统和空气系统的㶲传递效率分别为85%和40%。冷量输配单元输送不同冷媒时，用能差异主要体现在辅助能耗量上。文献[10]分析了不同空调系统形式的分项电耗和冷量分布特性，冷冻水系统的泵耗约为输送冷量的5%，空气系统的风机电耗为输送冷量的15%。考虑辅助能耗，冷量输配单元的总㶲效率可按式(6-17)计算：

$$\phi_{o,c} = (1-\eta_{cl}) \frac{T_0 / [\eta_{cl}(T_0-T_{out}) + T_{out}] - 1}{T_0 / T_{out} - 1 + \theta_a} \tag{6-17}$$

代入相关参数，得到冷冻水系统的总㶲效率约为57%，空气系统的总㶲效率为14%。由此可见，提高冷量输配单元㶲效率的关键是降低辅助㶲耗量，这一目标的实现需要多方面的共同作用，如管网结构的优化设计，泵、风机与管网流量特性匹配，先进的控制管理方法等。

空调系统的末端散冷设备通常与冷量输配单元搭配选用，对于研究分析的冷量输配单元，冷冻水系统的末端设备为风机盘管，空气系统的末端设备则为散流器。

末端散冷设备的输入㶲量为冷量输配单元有效输出的㶲量，收益㶲为空

调区域空气获得的冷量㶲。空调系统末端单元的㶲传递效率为

$$\phi_{t,m} = \eta_{t,m} \frac{T_0 / T_n - 1}{h_{m,h} - h_{m,g} - T_0 s_{m,h} + T_0 s_{m,g}} \tag{6-18}$$

式中，$\eta_{t,m}$ 为末端单元的能量传递效率；T_n 为空调区域空气温度，K；$h_{m,h}$ 为末端单元中冷媒回流时的比焓，kJ/kg；$h_{m,g}$ 为冷媒进入末端单元时的比焓，kJ/kg；$s_{m,h}$ 为末端单元中冷媒回流时的比熵，kJ/(kg·K)；$s_{m,g}$ 为冷媒进入末端单元时的比熵，kJ/(kg·K)。

散流器属于开口型末端单元，它直接将低温空气散发到空调区域，该设备中不存在冷媒回流，因此，开口型末端单元的㶲传递效率可按式(6-19)计算：

$$\phi_{t,m} = \eta_{t,m} \frac{T_0 / T_n - 1}{T_0 / T_{cl} - 1} \tag{6-19}$$

空调系统中，开口型末端单元的冷量损失可忽略不计，压力㶲损失已记入辅助㶲耗中，空调区域温度取节能限值，即 26℃，相关数据代入式(6-19)，得到散流器的㶲效率为 25.8%。

风机盘管的输入㶲不仅有冷媒的冷量㶲，还包含风机的电耗，该电耗可达到盘管有效输出冷量的 1/20[16]。风机盘管的总㶲效率按式(6-20)计算：

$$\phi_m = \eta_{t,m} \frac{T_0 / T_n - 1}{h_{m,h} - h_{m,g} - T_0 s_{m,h} + T_0 s_{m,g} + \theta_a} \tag{6-20}$$

风机盘管的冷量损失主要为冷凝水带走的冷量，对典型办公建筑空调系统冷量分布特性的研究发现，该冷量损失率约为 3%。利用式(6-20)，得到风机盘管的总㶲效率为 10.2%，该效率值综合反映了风机盘管的热力性能。不考虑风机的辅助㶲量输入时，利用式(6-18)得到风机盘管的㶲传递效率约为 15.8%。可以看出，开口型末端散冷设备的㶲利用效果优于风机盘管，主要因为后者需要消耗额外的电能，而且存在冷凝水冷量损失。

6.2.3 建筑空调用能效率

为查明空调系统中㶲利用的薄弱环节并给出节能优化方法，研究针对西安地区某办公建筑的空调能量系统进行了㶲分析，建筑总面积约 13000m^2，夏季空调冷负荷为 1.1MW，该建筑潜在的空调系统形式如表 6.7 所示。

表 6.7　空调系统组合形式

空调系统	压缩式加风机盘管	压缩式全空气	吸收式加风机盘管	吸收式全空气
冷源单元	压缩式制冷机	压缩式制冷机	吸收式制冷机	吸收式制冷机
冷量输配单元	冷冻水管网	送回风管网	冷冻水管网	送回风管网
末端单元	风机盘管	散流器	风机盘管	散流器

　　根据空调系统中冷源、冷量输配单元和末端单元的㶲传递效率，得到各空调系统形式的主㶲源效率。

　　主㶲源效率反映了空调系统对于主㶲输入的有效利用程度，由表 6.8 可知，上述几种空调系统形式中，压缩式制冷机组配合风机盘管的主㶲源效率最高，主要因为压缩式制冷机组的高 COP 值，冷量输配单元的辅助能耗系数较低且冷冻水管道可通过保温措施降低冷量损失。吸收式全空气系统的主㶲源效率最低，一方面因为吸收式制冷的热源采用高品质的燃气，且 COP 值仅为 1.1，但当以余热回收或太阳能等可再生能源为驱动力时，系统的节能性将会大大提高；另一方面，冷量输配单元输送低温空气时，风管表面积大且难以增加保温，因而冷量损失大。空调系统各单元中，冷源单元的㶲效率最低，不足 20%，这是由于冷源在制冷过程中使用高品质的能源转化为低品质的冷能，存在很大的能量品质损失；冷量输配单元的㶲传递效率取决于输送冷媒的形式，冷冻水系统约为全空气系统的两倍，这是因为冷冻水在输配过程中，㶲量损失主要由管道及设备传热等外部损失引起，冷媒的能量品质变化不大，而低温空气输配过程中不仅存在传热及泄露损失，还有冷量转换设备中的不可逆损失。末端单元中，风机盘管的㶲传递效率低于全空气系统的末端，主要因为风机盘管中冷媒温度更低，在满足相同的建筑冷量㶲需求时，风机盘管消耗的冷量㶲高于全空气系统末端，由此看出，空调采用高温冷媒时有利于系统㶲效率的提高。

表 6.8　制冷空调系统主㶲源效率　　　　　　　　　（单位：%）

空调系统	压缩式加风机盘管	压缩式全空气	吸收式加风机盘管	吸收式全空气
冷源单元	16.7	16.7	10.7	10.7
冷量输配单元	85	40	85	40
末端单元	15.8	25.8	15.8	25.8
主㶲源效率	2.2	1.7	1.4	1.1

根据相关研究资料，空调系统中水泵及风机的辅助电耗在整个空调系统中占有不容忽视的比例，甚至高达系统总电耗的30%~50%[12,13]，再考虑到电能上游生产过程的㶲效率，空调系统的总㶲耗进一步增大。在对比分析不同空调系统的㶲利用效果时，首先需明确各系统的完全㶲耗量，计算式为

$$E_o = Q_b \left(\frac{\lambda_b}{\phi_{m,c}} + \sum \frac{\varepsilon_{a,i} \theta_{a,i} \lambda_{a,i}}{\eta_{cl} \eta_{t,m}} \right) \tag{6-21}$$

式中，Q_b 为建筑空调基本能量需求，J；λ_b 为建筑空调用能的能质水平；$\phi_{m,c}$ 为空调系统的主㶲源效率。

在满足建筑空调用能需求的条件下，空调系统的完全㶲耗越低，表明该系统越符合能源可持续利用的要求。由式(6-21)可知，降低空调系统完全㶲耗的方法主要包含以下几方面：降低建筑物的空调能量需求，如改善建筑构造形式和围护结构热工性能，根据人员活动轨迹设定空调运行模式，采用局部空调等；提高空调系统的㶲量传递效率，这一目标可通过空调系统基本单元的优化匹配以及改善运行参数实现；降低系统的辅助能耗，主要包含输配单元中泵和风机的动力需求，通过管网系统的优化设计改善系统压损，合理选择泵和风机的型号使其实际工作点位于高效区等。

空调系统的收益㶲为建筑的基本冷量㶲需求，因而空调系统的总㶲效率为建筑收益㶲与空调系统完全㶲耗的比值，如式(6-22)所示：

$$\phi_o = \frac{E_{gain}}{E_o} \tag{6-22}$$

根据式(6-22)及建筑空调收益㶲的定义，空调系统的总㶲效率可按式(6-23)计算：

$$\phi_o = \frac{\lambda_b \phi_{main} \eta_{cl} \eta_{t,m}}{\lambda_b \eta_{cl} \eta_{t,m} + \phi_{main} \theta_a \lambda_a} \tag{6-23}$$

对于表6.8所示的几种空调系统，研究利用式(6-23)及相关参数分别进行了总㶲效率分析，结果如图6.2所示。

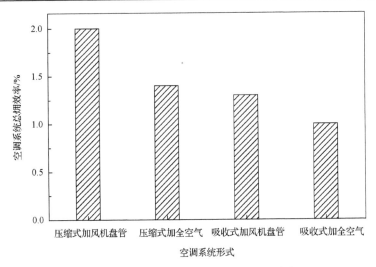

图 6.2　研究所述几种空调系统的总㶲效率

由图 6.2 可知，研究对比分析的空调系统中，压缩式制冷机组配合风机盘管的总㶲效率最高，却仅为 2%。这表明空调系统的用能过程存在严重的㶲损失，查明系统㶲损失的位置、大小和原因是改善系统㶲利用效率的基础，为此，研究以获得单位收益㶲为基准，首先分析了进入空调系统的主源㶲量在各单元的传递及输出情况，得到空调系统的㶲流动情况。

研究所述空调系统的㶲流动过程如图 6.3 所示。可以看出，获得相同冷

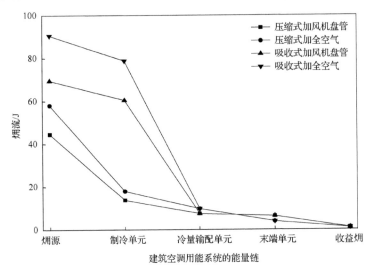

图 6.3　几种空调系统的㶲流图

量㶲收益时，压缩式制冷配合风机盘管的空调系统消耗主源㶲量最少。采用吸收式制冷机组的空调系统中，㶲流线在制冷单元的降低程度最大，这说明吸收式制冷机组的性能是影响该空调系统㶲利用效果的关键部位；采用压缩式制冷机组的空调系统中，㶲流线下降的关键部位是能源产品上游阶段，因此高效电能生产技术以及可再生能源发电均有利于压缩式空调系统㶲利用效率的提高。

在主源㶲量输入外，空调系统的运行还需消耗辅助㶲量。为了全面反映空调系统的㶲损情况，研究对系统各单元分别进行㶲损率分析，即单元㶲损失占系统总㶲损的比重，结果如表 6.9 所示。

表 6.9　制冷空调系统单元㶲损率　　　　　　（单位：%）

空调系统	压缩式加风机盘管	压缩式加全空气	吸收式加风机盘管	吸收式加全空气
能源上游	62.8	57	11.9	11.9
冷源单元	12.9	11.7	69.8	69.8
冷量输配单元	13.5	27.3	11.2	15.3
末端单元	10.9	4.1	7	2.9

由空调系统各单元的㶲损率可以看出：压缩式制冷空调系统的用能过程中，约 60%的㶲损失发生在电能生产阶段；吸收式制冷空调系统中，冷源单元的㶲损率接近 70%；冷量输配单元的㶲损失约占系统总㶲损失的 10%～30%，主要因为该单元不仅包括冷量品质降低，还存在辅助㶲量的损失，全空气系统与风机盘管系统间㶲损率的差异则由冷媒输配能耗引起。

6.3　采暖空调系统低㶲优化建议

通过对比分析典型采暖用能系统和制冷空调用能系统的㶲效率和㶲损失分布，得到以下节能优化建议：

（1）热电联产供暖比区域锅炉房供暖有益于㶲资源利用效率的提高，分散燃气采暖比集中燃气锅炉采暖更节约能源。低温散热末端只有在配合㶲成本低的热源(地热、工业余热以及可再生能源制热等)时才体现节能效果。

（2）采暖系统的用能过程中，㶲量损失主要出现在热源部分和能源产品上游阶段；输配管网的㶲效率处于较高水平，这部分㶲损失主要由管网散热和动力消耗引起，通过优化管网设计，合理匹配动力设备等措施可进一步降低输配单元㶲损失。

　　(3)压缩式制冷空调系统的㶲利用效率仅为 2%左右，约 60%的㶲损失发生在电能生产阶段；以燃气为能源的吸收式制冷空调系统，制冷机组的㶲损率约占系统总㶲损的 70%，只有在配合天然热源或余热使用时，吸收式制冷空调才显示节能效果。

　　(4)空调系统中，冷量输配单元不仅包括冷量品质降低，还存在辅助㶲量的损失，该单元的㶲损失约占系统总㶲损失的 10%～30%。

　　(5)能源产品的上游㶲成本及能量系统运行过程中的辅助能耗均对能源利用总㶲效率存在很大影响，在能源利用的节能性分析中应予以考虑。

参 考 文 献

[1] 清华大学建筑节能研究中心. 中国建筑节能年度发展研究报告[M]. 北京: 中国建筑工业出版社, 2013.

[2] 《中国电力年鉴》编制委员会. 中国电力统计年鉴 2011[M]. 北京: 中国电力出版社, 2011.

[3] 魏伟. 热水集中供暖系统热效率分析及诊断方法的研究[D]. 济南: 山东建筑大学, 2013.

[4] 清华大学建筑节能研究中心. 中国建筑节能年度发展研究报告[M]. 北京: 中国建筑工业出版社, 2011.

[5] 刘晓燕, 余学江, 赵海谦, 等. 集中供热管网保温存在的问题及解决方案[J]. 科学技术与工程, 2010, 10(18): 4544-4547.

[6] 中国住房与城乡建设部. 全国民用建筑工程设计技术措施: 暖通空调动力[M]. 北京: 中国计划出版社, 2009.

[7] 中国标准化研究院. GB19577—2004 冷水机组能效限定值及能源效率等级[S]. 北京: 中国标准出版社, 2004.

[8] 中国机械工业联合会. GB/T18362—2008 直燃型溴化锂吸收式冷(温)水机组[S]. 北京: 中国标准出版社, 2008.

[9] 清华大学建筑节能研究中心. 中国建筑节能年度发展研究报告[M]. 北京: 中国建筑工业出版社, 2009.

[10] 清华大学建筑节能研究中心. 中国建筑节能年度发展研究报告[M]. 北京: 中国建筑工业出版社, 2010.

[11] 韩铮, 朱颖心. 不同风系统末端装置的能效比较[J]. 暖通空调, 2009, 39(2): 73-76.

[12] 张海强, 刘晓华, 江亿. 温湿度独立控制空调系统和常规空调系统的性能比较[J]. 暖通空调, 2011, 41(1): 48-52.

[13] 张涛, 刘晓华, 江亿. 集中空调系统各环节温差及提高性能的途径分析[J]. 暖通空调, 2011, 41(3): 22-28.